藏書票

寂靜的春天 瑞秋・卡森

Silent Spring, 1962

獻給 亞伯特‧史懷哲

他曾說過：

「人類已喪失前瞻與未雨綢繆的能力，
最終將帶來的結果，便是大地的毀滅。」

——亞伯特‧史懷哲（Albert Schweitzer, 1875-1965，
廿世紀著名的人道主義者，從1912年至逝世前，
屢次前往非洲行醫助人，並在世界為非洲發聲。

湖中莎草已枯，
不再有鳥兒鳴唱。

——約翰·濟慈（John Keats, 1795-1821，
又譯為葉慈，是十九世紀英國抒情詩人。）

對於人類，我感到悲觀，因為人類太過於精巧地謀取自身利益。人類對待大自然的態度是打擊它，直至它屈服。若還想能繼續生存下來，人類必須更融入這個星球，多愛它一些，而非質疑，還狂妄地要改造它。

——E. B. 懷特（E. B. White, 1899-1985，
《夏綠蒂的網》、《一家之鼠》的作者。）

寂靜的春天

Silent spring

瑞秋・卡森（*Rachel Carson*）著

李文昭　譯

晨星出版

【導言】

最靈敏的耳朵——關於《寂靜的春天》

吳明益 東華大學華文文學系教授

獲知將為新版的《寂靜的春天》（*Silent Spring*）寫這篇導言之前的半個月，我恰好做了一趟從花蓮徒步至蘇澳的旅行。身上雖然沒有帶著任何一本書，但瑞秋・卡森（Rachel L. Carson, 1907-1964）「海洋三部曲」*的書名始終在我行走時，潮汐一樣出現在我腦海：《*Under the Sea-Wind*》、《*The Sea Around Us*》、《*The Edge of Sea*》。當這三本書的書名連在一起唸的時候，簡直像一首關於海的詩一樣。

但要說一九六二年出版的《*Silent Spring*》像一句詩，那麼這句詩的隱喻顯然是殘酷、沉重的。卡森是個海洋生物學家，或者說，一個詩人般的海洋生物學家。我想這樣說法在《寂靜的春天》之前堪稱適當，但當她寫作本書時，卡森女士已形成生態學家、環境議題報導者、環境倫理學家、詩人，還有預言家般的複雜視野。在美國，本

＊編按：瑞秋・卡森的海洋三部曲均已有中譯本，分別是《海風下》（Under the Sea Wind，八旗文化出版）、《大藍海洋》（The Sea Around Us，柿子文化出版）與《海之濱》（The Edge of Sea，天下文化出版），可到書店購買或至圖書館借閱。

書被稱為是達爾文的《物種源始》（*The Origin of Species*）以來最具影響力的著作，它同時被蘭登書屋（Random House）選入二十世紀一百本非小說的第五名，而紐約公共圖書館「世紀之書」（Books of the Century）則將其列為「有關科學或自然領域」的十部經典之一，因此現在的讀者大概是以一本經典的態度去接受它。但事實上《寂》書在《紐約客》連載時卻是遭到各界指責的，他們認為這本書太戲劇性、太聳動、太煽情，居心可議。（就像她一開始寫作海洋相關文章時被專業讀者認為太文學性一樣）撇開這些批評的偏頗與維護既得利益（如殺蟲劑廠商）的姿態，書出版後證明讀者就是被打動了，而且影響了之後的每一代讀者，甚至不分國籍的閱讀者都似乎被這書名的隱喻喚起了某種純真與覺醒，不再沉默。美國自然書寫研究者史區斯（Don Scheese）說這部作品創造了一種新的自然書寫類型；或許可以稱為「環境啟示錄」（environmental apocalypse）。

時至今日，雖然科學家說明了《寂》書中部分論證並不甚正確，但不同領域的學者仍從他們的角度看到本書產生的重大影響：生態學家說《寂》書的前瞻性在於它不只談到化學藥劑造成環境傷害的問題，它同時已經涉及關於生物性防治、生物多樣性、生態整全性的相關議題。社會學家或環境法專家則說這本書在媒體以及讀者間引起強烈的迴響，終於促使國家必須制定相關法令來因應；環境倫理學家則認為卡森使我們反省了對待自然的姿態，產生了有別於人類中心主義（anthropocentrism）的宰制型思考。而做為一個自然書寫的讀者，我認為卡森女士富文學節奏的筆觸是這本書（以及「海洋三部曲」）成功的重要關鍵。我有時會想，如果這本書的書名不叫《*Silent Spring*》，翻譯時不是譯成《寂靜的春天》，而像國內部分譯者或出版社譯書時硬是要想出一個自認為恰切的「響亮名稱」，那麼這本書在西方、在東方、在臺灣，會不會引起這麼多一般讀者的注意與興趣？會不會正是因為卡森女士精確、細膩、富音律性，帶著科學家的冷靜又滲透文學家感傷且隱涵著預言性質的文字，才會讓許多原本不關心生態與相關議題的讀者在初接觸這本書時心頭一震——不只是「理解」了一件事，而且還被某種情緒所「打動」。

《寂靜的春天》的中譯最早是在一九七〇年由溫繼榮、李文蓉合譯的版本。這個時間點之後，臺灣才漸漸出現結合自然科學、生態學、環境倫理學與文學的「現代自然書寫」（modern nature writing）。臺灣許多自然書寫者都深受這部書的啟發，比方說最早投入書寫呼籲保護自然文章的徐仁修，在《守護家園》一書中說自己動筆的原因，一是自己學農，因此了解農藥帶來的汙染，又恰好當時《寂》出版，他從此有了不同的看法。而在《我們只有一個地球》裡，馬以工引述了《寂》書出版時卡森女士與記者的對話，來說明「不影響生態平衡」的概念，並以之自勵，日後《我》書的女性書寫特質也常被論者拿來與《寂》並舉。劉克襄先生為《海風下》寫了一篇〈共鳴〉，也提到本書「深遠而廣泛的影響」。時至今日，西方自然書寫對臺灣自然書寫者的影響隨著譯書的增多，也變得多元化。但這部經典作品仍影響著年輕一輩的自然書寫者，如李曉菁就曾在她《小草的旅行》中說：「書架最容易拿到手的地方，總固定幾本外國自然經典文學作品：梭羅的《湖濱散記》、瑞秋．卡森的《寂靜的春天》與李奧帕德的《沙郡年記》。」當我聽到晨星要為本書出新版時，第一個直覺是有沒有再進一步校訂，當我看到編輯寄給我的勘誤表後，我心想卡森女士一定會滿意一個更正確的版本，繼續在這海島上發揮它的影響力。

卡森女士在她最早寫就的《海風下》（*Under the Sea Wind, 1941*），曾這樣描寫海灘上那些細不可聞的聲音：「只有最靈敏的耳朵，才聽得見一隻寄居蟹拖著牠的殼屋，在水線上方沙灘上行走的聲音；也才辨別得出一隻小蝦被魚群追趕，匆忙上岸時抖落一身小水珠，在水面跌出的叮咚聲。」那或許是卡森女士為自己寫作的「預言」。因為本書證明了，她正是那個時代「最靈敏的耳朵」。

【導言】

臺灣的寂靜之春

陳佳珣 公共電視——「我們的島」節目記者

因為工作，我有機會走訪臺灣各地，隱藏在陽明山國家公園後山，一個不起眼的小聚落——八煙，是我非常喜歡的地方。用在地石頭砌成的百年古厝，比比皆是；蜿蜒的水圳流過每戶人家、每塊田地，村民輪流巡水圳、做圳岸，農業社會的水圳文化，傳承至今；依山勢開墾的梯田，由水稻改種杜鵑花苗，每當樹苗賣出後，農民便引水淹田，以減少病蟲害，如明鏡般的水田，倒映著青山與藍天，這裡，是沉思的好地方。

雖然八煙面臨聚落保存、水圳水泥化的危機，它仍是我心中的桃花源。在這麼低度開發的地方，人與自然的衝突還是無法避免。注滿水的田地，是青蛙繁殖的理想場所，田邊幾團黑影，吸引我好奇的蹲下身看，仔細一瞧，令我心驚，是一堆死掉的蝌蚪，擁有這附近土地的農民，常用鋤草劑清除雜草，鋤草劑被水帶進田裡而毒死蝌蚪，這是我想到唯一的可能。

農民不只習慣用鋤草劑，也大量使用農藥，但農民有沒有遵守用藥規範？我曾經採訪農業做ＩＳＯ驗證的專題報導，這些經過教育的農民，私下聊天時，有感而發的說：「以前農藥用很重，農藥行推銷說這種有效，就買回去噴，在聽了農改場老師上課後，才知道買哪一種農藥防治病蟲害，農藥錢省很多。」除了是否對症下藥，以及農藥濃度太高的問題，也有農民為了徹底消滅害蟲，混合多種農藥，第一線接觸農藥的農民，健康風險提高，消費者也為農藥殘留而提心吊膽，這些問題，其實只是冰山一角。

田間常見的福壽螺是農民的眼中釘，用盡各種農藥對付牠，始終無法根除，但其他生物卻越來越少，包括農民在內，大多數人並不關心，田裡有沒有青蛙、田螺，當這些生物都被毒死了，人也無法置身事外。學者研究福壽螺，發現一件更令人憂心的事，福壽螺體內荷爾蒙的分泌受到環境汙染的干擾，雌性福壽螺長出雄性陰莖。福壽螺不是單一個案，學者監測香山海岸生態，曾經在一個月內發現，百分之九十的母蚵岩螺，長出雄性器官，正常狀況公、母的比例是一比一，生物族群繁衍面臨挑戰，造成動物性別異常的元兇，就是「環境荷爾蒙」。

用「性別殺手」形容環境荷爾蒙，並非危言聳聽。荷爾蒙是動物內分泌系統所分泌的化學物質，它關係著動物的發育、生長和生育，人體的內分泌系統，包括腦下垂體、甲狀腺、腎上腺、女性卵巢、男性睪丸等。在環境中，許多人造的化學物質進入人體，產生類似荷爾蒙的作用，導致內分泌系統失序，這些化學物質稱為環境荷爾蒙，它種類繁多，大多數具有毒性，且長期存在環境中，不容易分解，透過食物鏈及生物濃縮，最後還是累積到食物鏈金字塔頂層的人類身上。

環境荷爾蒙，無所不在。環保署在國內九條河川的魚體內，發現環境荷爾蒙——溴化二苯醚，它會造成甲狀腺分泌失調，引起甲狀腺腫大，溴化二苯醚主要用作阻燃劑，運用在防火建材、塑膠製品、汽車用品以及嬰兒衣物等。環保署也在河川底泥、魚體內，檢測出壬基苯酚，許多清潔劑含有壬基苯酚，它的結構類似雌性荷爾蒙，會造成雄性雌性化，甚至阻礙生長與繁殖。用在船舶底漆的氧化三丁錫，則會造成魚貝類雄性化，雌貝長出陰莖。除此之外，被懷疑是環境荷爾蒙的化學物質約有七十種，農藥殺蟲劑就占了將近三成的比例，包括ＤＤＴ、地特靈、飛布達等，其他包括環境汙染物戴奧辛、多氯聯苯，重金屬汞、鉛、鎘，以及一些有機氯化合物、酚類等化學物質。

戴奧辛是致癌物質，焚化爐、熔煉業、甚至是汽機車，都會排放戴奧辛。知名的彰化縣戴奧辛鴨蛋事件，被懷疑汙染源的元兇，就是處理電弧爐煉鋼廠的固體廢棄物，經由空氣把戴奧辛擴散到周遭環境。創臺灣公害史上十三億元補償紀錄的案件。發生在臺南市舊臺鹼安順廠，該工廠生產五氯酚（環保署現在已經禁用），製造成農藥以及木材的防腐劑，雖然工廠於民國七十一年關廠，棄置廠區的五氯酚汙染了地下水，製程產生的廢棄物——戴奧辛，沉積在周圍的河川、漁塭底泥中，經由食物鏈累積在水產品中，居民長期食用當地的魚蝦貝類，血液中戴奧辛濃度是焚化爐周圍居民的四倍，村民一一罹患癌症。

談到汞和鎘，更可能存在我們日常飲食中。海水魚普遍含汞，體型越大、含量越高。桃園在民國七十年初，爆發鎘米事件，臺中、彰化、雲林陸續出現鎘米，散落在田間的工廠，把含鎘廢水排入灌溉系統，造成農地汙染，雖然這些土地經過整治陸續復耕，低於土壤管制標準，但能確保稻米不會含有鎘嗎？還有多少地雷尚未引爆？

一九六二年，瑞秋．卡森女士《寂靜的春天》一書問世，如警世箴言，格外發人省思，書中提到高毒性的殺蟲劑，如ＤＤＴ、地特靈、阿特靈等，具環境荷爾蒙特性的殺蟲劑，已被聯合國列為持久性有機汙染物，名列在《斯德哥爾摩公約》中，首批列管的十二項持久性有機汙染物，世界各國必須永久禁用或限制使用。

當人類打開潘朵拉的盒子，以為找到控制世界的寶物，沒想到竟然遭其反噬，當科技持續躍進，新的物質不斷的被創造出來，我們會不會又重蹈覆轍呢？《寂靜的春天》是環境界的經典之作，書中提到諸多觀點，仍印證在現今世界，能為本書撰寫導言，是我的榮幸，也推薦大家閱讀這本好書。

CONTENTS

【作者序】

致謝

在一九五八年的一月，娥喜・歐文・哈金斯寫信告訴我說，她已深切體會到，一個好好的小鎮可以被弄得了無生機。因此，我馬上把注意力轉回到我過去一直很關心的問題上。接著我便想到，我一定要寫這本書。

之後數年中，我得到許多人的幫助和鼓勵，在此無法一一列出他們的名字，那些曾熱心提供我多年經驗和研究結果的，包括美國和其他國家各級政府機關、大學和研究院，以及其他種種行業的人。對於他們慷慨提供的時間和意見，謹在此表達我最深的謝意。

此外，我要特別感謝那些花時間看我文稿的人，他們本著專業知識，給我意見和批評。雖然本書內容的正確與否我必須負全部責任，但是沒有這些專家的幫助，我將

瑞秋・卡森

無法完成此書。這些人是：馬友診所的L．G．巴索洛穆醫師、德州大學的約翰．J．比斯列、西安大略大學的A．W．A．布朗、康乃狄格州西港鎮的莫登．S．必斯肯醫師、荷蘭植物保護中心的C．J．布雷蒽、羅布與貝西．威爾德野生物基金會的克蘭斯．D．卡坦、克利夫蘭診所的喬治．克萊爾醫師、康乃狄格州諾佛市的法蘭克．伊格勒、馬友診所的莫坎．M．哈格拉夫醫師、美國國立癌症研究中心的W．C．休伯醫師、加拿大魚類研究所的C．J．克司維、野生協會的歐羅斯．慕理、加拿大農業局的A．D．匹克、伊利諾州自然史調查中心的湯瑪士．G．史高、他佛特衛生工程中心的克蘭斯．他維、以及密西根州立大學的喬治．J．華利斯。

每一位根據紛陳資料寫書的作家，對圖書管理員的熟練與幫助都會懷有歉意與謝意。我在這方面虧欠的人很多，特別是內政圖書分部的艾達．K．強生，和國立衛生局圖書館的帖爾瑪．羅賓森。

我的編輯，保羅．布魯克，數年來一直不斷地鼓勵我，並不遺餘力地幫助我，多次改變他的計畫以遷就我的拖延與遲交。為此，以及他在編輯上高明的判斷力，我永遠感激他。

在圖書搜集方面，我有負責又勝任的桃樂黛．敖基兒、貞妮．大衛斯和貝蒂．漢尼．達夫擔此重任。此外，若沒有我的管家，艾達．史布羅忠心耿耿的幫助，特別是在情況極為窘迫的時候，我將不可能完成這件事。

最後，我要獻上無限的感謝給一群人，這些人中有許多我並不認識，但他們讓我覺得寫這本書非常值得。這些人曾率先高聲疾呼，指出毒害人類與萬物共享的世界是草率魯莽、不負責任的行為。他們現今還在進行無數的小戰役，這些戰役最後將為正確的理念和常識奪得勝利，使我們得以和周圍的世界共存。

【編輯序】

寫在書前

保羅．布魯克*

一九五八年，當瑞秋．卡森開始寫下《寂靜的春天》時，年五十歲，在她大部分的職業生涯中，她是美國魚類和野生動物協會的海洋生物學家和作家。但是由於七年前出版的《大藍海洋》大為成功，她現在已是世界聞名的作家。那本書的版稅及其後的《海之濱》，使她能專注於寫作。

對大部分的作家來說，這似乎是最理想的情況：已建立起名聲，能隨心所欲選擇自己想寫的主題，有出版社隨時準備為她出書。她的下一本書很可能就像她前面出的書一樣，屬於同一領域，提供研究上的知識和喜悅。事實上，她的確有這樣的構想；但最後寫出來的，卻非如此。

*編按：保羅．布魯克（Paul Brooks）為瑞秋．卡森女士之編輯暨人生摯友，他曾替瑞秋．卡森寫傳記。

當她還在為政府做事的時候，她和科學領域中的同事就頗為所謂「農業防治計畫」中廣為使用的DDT，及其他持久性的毒藥擔心。戰後不久，在確定這些毒藥有危險性時，她就寫了一篇文章，但沒有一家雜誌願意刊登。十年後，當殺蟲劑和除草劑（許多都比DDT藥效強許多倍）對野生動物及生態已造成重大破壞，且明顯對人類有害時，她決心出來說話。再一次，她寫了篇文章投給那些雜誌；儘管這時她已廣為人知，但是雜誌發行人為了怕失去廣告收入而拒絕了她。例如，一家嬰兒食品罐頭製造商宣稱，這種文章會讓使用其產品的婦女產生「無謂的恐慌」。只有《紐約客》雜誌例外，在本書出版前刊載了一系列書中的文章。

因此，唯一的途徑便是寫書，書的出版商才能不受制於廣告的壓力。起初，卡森女士試著找別人來寫，不過她最後決定，如果要寫，非得自己寫不可。許多對她頗為激賞的人，曾懷疑寫這種內容駭人的書，能否賣得出去？她自己也有同感，但還是逕自寫了，因為她覺得這是她的責任。她曾寫信給朋友說：「若我保持沈默，我將不會安心。」

寫《寂靜的春天》花了四年時間，其內容和過去所寫的書不一樣，在過程中也無過去在森洞實驗室或落潮時海岩池中的喜樂，取而代之的是近乎宗教性的奉獻感。這真是無以倫比的挑戰。在最後幾年，她患了一種病，她稱之為「總合病」。

同時，她也清楚地知道，將遭到化學工業界的攻擊。她不只是反對無選擇性的使用毒藥，她更明白指出，工業及科技界對大自然的態度，根本就是不負責任的。等那些攻擊真的來到時，其殘酷和無禮，可能和當初達爾文出版《物種起源》時差不多。化學工業界花了數千萬美元，企圖打擊此書，抹黑作者，把她形容為一個無知、歇斯底里的女人，只想把地球拱手讓給昆蟲。

幸好這次攻擊產生反效果，製造出出版商買不到的宣傳效果。有一家大化學公司企圖阻撓此書的出版，宣稱卡森女士對其產品的說詞是錯誤的。她並沒有錯，所以書如期出版。

對這些騷擾，她絲毫不為所動。同時，受了《寂靜的春天》直接的影響，甘迺迪總統在他的科學諮詢委員會中設立了一個審查小組，研究殺蟲劑的問題。審查小組在幾個月後做出報告，完全證實她的理論。

瑞秋．卡森女士對她的成就極為謙虛。在書快要完成時，她寫信給一個好朋友，說到：「拯救生物界的美，一直是我心目中最重要的事；而且人們對這世界無知而殘暴的破壞行為，也讓我感到深惡痛絕……現在我相信，我至少提供了一點幫助。」事實上，她的書對「生態學」的產生助益很大。在當時，生態學還是不為人所知的一門學問，如今卻是人們非常注重的，也致使各階層政府制訂了保護環境的法規。

在《寂靜的春天》出版後二十五年之中，她所貢獻的，不只是在歷史上占了一席之地。這本書正如C．P．史諾（C. P. Snow）所說的是「兩種文化」之間的橋梁。瑞秋．卡森是個理性，受過良好專業訓練的科學家，同時也具有詩人的洞察力和敏感度。她對大自然有她引以為傲的深厚情感。知道得越多，她對大自然「讚嘆」得就愈深。因此，她成功地使一本描寫死亡的書成為對生命的禮讚。

今天，讀她的書使人了解到，她寫的不只是迫在眉睫的危機；此書的意義其實更深廣得多。她把我們從用化學物質毒害地球的危機中喚醒，同時也讓我們看到在很多方面（有些在她那個時代還鮮為人知），人類也在降低地球上的生活品質。《寂靜的春天》將繼續提醒我們，在現今過度組織化、過度機械化的時代，個人的動力和勇氣仍然能發生效用；變化是可以製造的，不是藉著戰爭或暴力性的革命，而是改變我們對世界的看法。

第 1 章
明日寓言

在美國中西部有個小鎮，
那裡所有的生物都和周圍環境融為一體，
富庶的農場和麥田與覆滿果樹的山丘
交織成一幅美麗的圖畫。
但有一天，不尋常的寧靜突然降臨，
大家在問，鳥兒都到哪裡去了？

美國中西部有個小鎮，那裡所有的生物都和周圍環境融為一體。小鎮位於一塊塊棋盤般密布的農田之中；富庶的農場和麥田與覆滿果樹的山丘交織成一幅美麗的圖畫。春天時，白雲般的花朵飄盪在翠綠的田野中。在秋天，橡樹、楓樹和樺樹展現出烈火般紛飛跳躍的彩燄，在蒼松的底幕上熊熊燃燒。還有狐狸在山林中嚎叫，小鹿無聲無息地橫越田野，身影在秋日晨曦的迷霧中若隱若現。

沿著路邊，幾乎一整年都有令遊客賞心悅目的月桂、莢迷、赤楊，及大簇的羊齒植物和野花。即使是冬天，路邊的景色也是美麗的；無數的小鳥會飛來啄食漿果和露出雪面的乾草種子。事實上，這個鄉鎮素以多樣性的鳥種及數量眾多著稱；每到春秋季節，候鳥群集飛來時，常吸引遊客遠道前來觀賞，也有一些人來河邊釣魚；河水從山上順流而下，冰涼清澈；溪流中陰涼的水窟，則是鱒魚匯集之處。自從早期定居者來此蓋房子、掘井、搭建穀倉以來，這裡就一直是這個樣子。

後來，一場奇怪的瘟疫襲擊了這個地區，一切就開始改變了。莫名的咒詛降臨——神祕的雞瘟將雞群一掃而亡，牛群和羊群病的病、死的死，到處都籠罩在死亡的陰影中。農人都在談家人生病的事；鎮裡的醫生愈來愈覺得奇怪，怎麼新的疾病一直出現。很多人突然死於不知名的疾病，甚至小孩會在玩耍中忽然得病，在數小時內死亡。

不尋常的寂靜突然降臨，「鳥兒都到哪裡去了？」很多人問起，感到迷惑不安。後院的餵鳥槽已遭棄置，眼前所見的鳥都瀕臨死亡，激烈顫抖著，無力飛翔。那是個無聲的春天。在清晨，過去是充滿了知更鳥、反舌鳥、鴿子、橿鳥、鷦鷯，和其他數十種鳥共鳴的大合唱，現在則一點聲音都沒有，只有「寂靜」覆蓋著農田、森林和沼澤。

農場的母雞孵不出小雞；農夫們抱怨豬養不大，產下的小豬隻數少了，且活不了幾天；蘋果樹開滿了花，但因沒有蜜蜂在花叢中授粉而結不了果實。

過去路邊美妙的景緻，好像被火燒過一樣，成為一片灰黃。這裡也一樣靜悄悄的，被所有生物棄絕，甚至溪流也變得了無生機，沒有人來釣魚，因為魚都死了。

屋簷下的水溝和屋頂的瓦片間，留有一處處白色粉粒形成的斑點；這些粉粒在數週前如雪花般飄落下來，降落在屋頂、草坪、田野，和溪水中。

不是巫術，也不是敵人陰謀阻撓新生命在這受創的世界誕生，乃是人自己造的孽。

這個小鎮實際上並不存在，但在美國或世界其他地方，很容易找到上千個像這樣的市鎮。我想沒有一個地方曾遭遇到上述所有的不幸，但是其中每一件都確曾在某些地區發生過。可怕的幽靈，已不知不覺地籠罩在我們身上，上述想像的悲劇，可能很快就會成為眾所周知的事實。

在無數的市鎮裡，是什麼壓抑了春天的聲音呢？本書將試著回答這個問題。

第 2 章

忍耐的義務

我們容許人們使用這些藥物，
而這些藥物對土壤、水質、
野生動物和人類自己的影響，
很少有進一步的調查。
對哺育生命的大自然整體性如此疏於考量，
未來的子孫恐怕不會原諒我們。

地球上生命的歷史，始終是生物與環境相互作用的歷史。動植物的形體與習性，大部分是由環境塑造而成。就地球整個壽命來看，由生物反過來改變環境的作用，相對而言是微不足道的。唯有現代這一段時間，才有一種生物——人類，擁有無比的力量去改變世界的本質。

在過去的二十五年中，這股力量不但急遽增長到令人不安的地步，而且在性質上也有了改變。人類迫害環境，最令人心驚的，是用危險、甚至足以致命的物質來汙染空氣、土壤、河川與海洋。這種汙染大多是無法回復的；其所引發的禍端，不但對世界造成無可挽回的傷害，而且還殃及生物本身。現今環境汙染已相當普遍，化學物質既可怕又鮮為人知，而且和輻射一樣能改變生命本質。核子試爆釋放出的鍶九十，隨著雨水降落或形成原子塵飄蕩到地上，留在土壤裡，進入牧草、玉米和小麥中，再由此進到人體的骨骼裡直至死亡。同樣的，噴灑在耕地、森林或花園的化學物質，會長期潛伏在土壤內，再進入生物體中，從一個個體傳到另一個，形成一連串中毒與死亡的鎖鏈。或者，悄悄地經由地下水，透過空氣和陽光的作用，化合成新的物質，毒害草木和牛群，並使常喝井水的人感染到不明的病症。真如史懷哲所言：「人幾乎辨認不出自己所造的魔鬼。」

現在居住在地球上的生物，是花了幾十億年時間演化而來的；在這段幾近永恆的時間裡，生物已發展、演化、分化到一個得以適應環境並與之達成平衡的程度。而環境以其所含的物質，支持並滋養生物，同時也嚴苛地塑造且指引生物。有些岩石會發出危險的輻射線，甚至所有生物能量來源的陽光，亦含有害的短波輻射。只要假以時日——不是幾年，而是幾千年，生物就會適應，與環境達成平衡，因為時間是必然的要素；然而，現代世界沒有時間。

變化與新局勢發生的速度，乃跟隨著人類性急、輕率的步伐，而非自然界從容的節奏。輻射線不再只是比生命更老的地岩輻射、宇宙線以及太陽光紫外線等；現在的輻射線是人類激發原子所生的、非自然的產物。眾生物須適應的化學物質，不再僅於鈣、矽、銅，以及其他自岩石沖洗而下，由河流帶入海洋的礦物質，而是由人類富創造力的心智所合成的產物——自實驗室釀造出來，在自然界是找不到的。

要適應這些化學物質，需要依照自然界的時間表；不只是人的一生，而是好幾個世代。縱使奇蹟出現，生物真能適應了，也是枉然，因為新的化學物質會不斷推陳出新，無止盡地湧冒出來。光是美國，每年便有近五百種問市，而且數量還不斷增加。試想，每年人類和動物必須去適應五百種嶄新的化學物質，後果實在難以想像。

這些化學物質有很多是用來對抗大自然的。自四十年代中期，已有兩百多種基本的化學物質出現，用於除蟲、除草、滅鼠，以及消滅通稱為「害蟲」的生物，並以幾千種不同的品牌出售。

目前，幾乎所有的農場、花園，和家庭，都用噴霧殺蟲劑將所有「益蟲」與「壞蟲」一概滅絕，使鳥兒不再歌唱，小溪的魚兒不再跳躍，樹葉覆上一層致命的薄膜，藥劑留在土壤裡久久不散，儘管要殺的只不過是幾根草或幾隻蟲罷了。布下這層毒幕，可能對生物無害嗎？它們應該叫做「殺生劑」而非「殺蟲劑」。

而噴灑化學藥品的頻率，似乎正在節節上升。自從DDT開放民間使用以來，尋找更多毒品的潮流就愈是欲罷不能。因為昆蟲已發展出抗殺蟲劑的超強品種，大大證實了達爾文「適者生存」的理論。因此，也就有必要去發展藥力更強的殺蟲劑，接著又發展更強的。此外，除了其它在本書往後章節會討論的因素外，具破壞力的昆蟲往往會顯出「反撲效果」，在農藥噴灑之後又活躍起來，數量比以前還多。像這樣的化學戰永遠贏不了，所有的生物也都難逃其害。

因此，本世紀的核心問題，是整個人類的環境被化學物質所汙染；和核能戰爭一樣，這有可能造成人類的滅亡。這種化學物質，有無比的殺傷力——能累積在動植物體內，甚至進入生殖細胞裡，破壞或改變遺傳物質。

有些夢想設計未來的人，期盼有一天能設計改變人的基因。但是我們現在或許已在無意中輕鬆地做到了，因為許多化學物質，和輻射線一樣，會造成基因突變。可笑的是，像選擇殺蟲劑這種小事，竟可能決定人類自己的前途。

這樣的冒險，為的是什麼？未來的歷史學家可能對我們的魯莽作風感到訝異。聰明的人類，怎麼會為了控制區區幾種不想要的生物而採此下策，汙染整個環境不說，還給自己帶來疾病和死亡的危機？據說，大量使用殺蟲劑並擴大使用範圍，是維持農產品產量所必須的。然而，過度生產不正是我們的問題嗎？儘管有減少耕地、補償農民的措施，農產品的產量過剩還是相當驚人；一九六二年，美國的納稅人花了數十億美元在剩餘糧食儲存計畫上，而就在農業部某單位試行減產時，另一個單位卻在反向推波助瀾，於一九五八年宣布：「在土地銀行堅持之下，減少耕地將刺激農民多使用農藥，以期剩餘耕地能獲得最高產量。」

這並不是說，蟲害問題是莫須有，或無需控制；而是說，蟲害管制必須切合實際，而非針對虛構的狀況。此外，所用的方式不能把我們連同昆蟲一起消滅。

像這種意圖解決問題，反而帶來一連串問題的情況，是我們現代生活的副產品。

遠在人類的時代之前，昆蟲就已經住在地球上了；牠們是一群種類繁多，善於適應環境的生物。自人類出現後，有一小部分昆蟲，約五十多萬種，在兩大方面與人類的利益發生衝突——食物競爭與疾病傳染。

昆蟲傳染病的問題，在人類群居時非常嚴重；特別是當衛生狀況不佳時，例如：天災、戰爭，或極端貧困的處境，這時，管制昆蟲便有其必要。不過，如我們下面所要看到的，大量使用化學物質的效果不但有限，反倒使欲遏止的狀況惡化。

原始的農業社會很少有蟲害問題，隨著農業效率的提高，廣大的農田只用來種植單一作物，蟲害才逐漸增多。單一作物的耕種方式，並不是利用大自然的原則，而是工程師為發展農業想出來的。大自然創造出種類繁多的景物，人類卻熱中於將之簡化，以至於自然界本有的管理平衡、各物種互相牽制的系統遭到破壞。大自然有一種重要的牽制力，即每一物種適合的生存環境是有限的。所以，靠麥田過活的昆蟲在只種麥子的田地所能繁殖的數量，遠比混有其他農作物的農田多很多。

同樣的問題也發生在其他方面。幾十年前，美國很多小鎮都在道路兩旁種滿高雅的榆樹。這種美景，現在正遭到重大的病害，帶菌者是一種甲蟲。若把榆樹和許許多多不一樣的植物種在一起，這種甲蟲就不可能大量繁殖，進而使病菌在一棵棵榆樹之間傳染開來。

現代另一個蟲害問題，是有上千物種從原產地蔓延到新的領域；這必須從地理背景和人文歷史來看。這種世界性的遷移現象，英國生態學家查爾斯・愛爾頓（Charles Elton）在新作《入侵生態學》（*The Ecology of Invasions by Animals and Plants*, 1958）中，已詳細描述過。在幾億年前的白堊紀，大洪水切斷許多連接各陸塊的橋梁，使多種生物陷於愛爾頓所形容的：「龐大孤立的自然保留區」，和同種生物完全隔離者，便在此發展成新的品種。大約一千五百萬年前，有些陸塊又接合在一起，這些新種便開始流動到新的領域，這種遷徙現在仍在進行，而且還受到人類相當大的幫助。

植物的引進，是現代物種擴散的基本途徑，因為動物幾乎無可避免地跟著植物走；相對來講，檢疫是最近的發明，可惜效果不彰。單是美國植物推廣處，就從世界各地引進了將近二十萬種各式各樣的植物。在一百八十種左右的美國植物主要蟲害中，有一半是無意中由國外引進的，其中大部分是隨著植物一起進來的。

這些侵入新領域的動植物在原產地受到天敵的控制，在新的地方則完全脫離天敵的威脅，得以大量繁殖。因此，最棘手的昆蟲往往是外來引進的，絕非偶然。

像這樣的侵入，不管是自然發生或是人為使然，都可能會不斷發生。檢疫和大規模使用化學物質花費不貲，可是也不過是在延緩問題的發生罷了。我們現在所面臨的，誠如愛爾頓博士所言：「在生死攸關時，不要以新科技抑制某種植物或動物的繁殖，我們還需具備動物增生及其與環境互動關係的基本知識，以期促進平衡，減緩新侵入動植物突然大量繁殖的可能。」

很多必要的知識我們都有，但總是不去應用。我們的大學訓練生態學家，我們的政府機關也聘用他們，但我們卻很少採用他們的建議。我們任憑含有化學藥物，能致人於死的雨水從天而降，好像沒有其他辦法似的。然而，事實上辦法多的是，只要有機會，依我們的才智很快便能找到。

我們是否已如行屍走肉般，逆來順受地接受劣等、有害的東西，好像已失去意志或目標去要求更好的？照生態學家保羅．薛柏（Paul Shepard）的說法，這樣就好像：「在腐敗的環境裡，只要能把頭伸到比自己能容忍的限度高出幾吋就好了……為什麼我們得忍受慢性食物中毒、死氣沈沈的家園、趣味不怎麼相投的交遊圈子、讓人快要神經錯亂的汽車噪音？誰願住在僅可倖免一死的世界上？」

然而這樣的世界卻強加在我們的身上，建構一個用化學物質消毒、無蟲害世界的運動，似乎激發了許多專家和大部分所謂管制單位的狂熱。已有充分的證據顯示，噴灑農藥的單位做起事來毫不留情。康乃狄格州的昆蟲學家尼利．特那（Neely Turner）說道：「管理單位的昆蟲學家……執行己令恍若檢察官、法官、陪審員、查稅員、收稅員和警長。」濫用職權最惡名昭彰的，當屬州政府和聯邦政府機構。

我不是在主張化學物質絕不可用，而是我們已把對生物有毒害的東西，未加區分便交給對潛在危險大部分或完全無知的人。有無數的人已經接觸過這些毒藥，既未經過他們的同意，他們也多半不知情。美國權利典章沒有保障國民不致遭私人或官方散播的致命毒品所害，必然是因為我們的前輩以他們的智慧與遠見，也沒想到會出現這樣的問題。

此外，我更要說，我們容許人們使用這些藥物，而這些藥物對土壤、水質、野生動物和人類自己的影響，卻少有進一步的調查。對哺育生命的大自然整體性如此疏於考量，未來的子孫恐怕不會原諒我們。

化學物質威脅大自然的原因，大家還所知有限。這是個專家的時代，每一位專家只看到自己狹小範圍的問題，對於全面性的問題不是渾然不覺就是看法偏頗；同時，這也是企業界掌權的時代，無人敢質疑其不惜任何代價賺錢的權力，每當證據明確顯示殺蟲劑有害，而引起民眾抗議時，企業界就提出半真半假的回答來哄騙人們。我們急需中止這種虛偽的保證、包裹駭人事實的糖衣。蟲害防治人員所評估的危險，是一般大眾必須去承擔的，因此大眾必須決定是否要繼續往這條路走下去；但是惟有在完全了解事實後，才能做這樣的決定。正如金．羅斯甸（Jean Rostand）所言：「忍耐的義務使我們有知的權力。」

第 3 章

致命的萬靈丹

現今，每個人從母體內受孕到死亡，
都在被迫接觸危險的化學物質。
化學物質使用不到二十年，
人工合成的殺蟲劑就已經
遍布生物界和無生物界的每個角落。

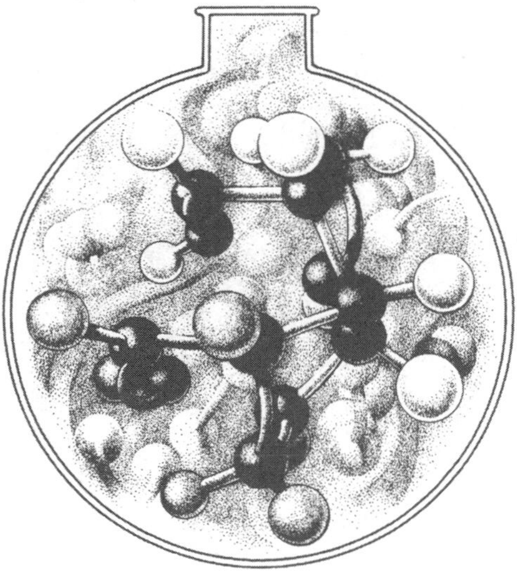

現今，每個人從母體內受孕到死亡，都在被迫接觸危險的化學物質；這是以前從未發生過的。化學物質使用不到二十年，人工合成的殺蟲劑就已經遍布生物界和無生物界的每個角落；在大部分主要河流，甚至看不見的地下水源，都查驗得到。十幾年前用的藥劑，土壤裡可能到現在還留有殘餘，或已進入魚類、鳥類、爬蟲類、家畜及野獸體內；情況已普遍到，科學家做動物實驗都找不到未受汙染的動物。連人跡罕至的山林湖泊裡的魚、土壤潛藏的蚯蚓、鳥兒的蛋，及人類體內，都可發現化學物殘留。現在絕大多數的人，不分老少，都有化學物質儲存在體內；在母奶裡，也可能在未出世的胎兒體內。

所有這些，都是因為生產人工合成殺蟲劑的工業突然大幅成長，這種工業是二次大戰的產物，在發展化學武器的時候，人們發現有些實驗室製造出來的化學物質能把昆蟲殺死。這項發現並非偶然，因為人們用昆蟲測試毒殺人的藥物。

結果，人工合成的殺蟲劑不斷地出現，藉著分子的排列組合及原子的替換，這些在實驗室巧妙製成的人造產物，和戰前簡單的殺蟲劑有很大的不同。後者取自天然的礦物和植物：砷、銅、鉛、錳、鋅，及其他礦物的化合物；除蟲菊精取自乾菊花，硫酸尼古丁來自某種煙草，而毒魚藤素取自東印度的豆科植物。

人工合成的殺蟲劑不一樣的地方，在於其對生物有強大的藥性。不只是毒害，它們還能破壞生物體內重要的代謝過程並導致死亡。正如本書將探討的，執掌保護功能的主要酵素遭到破壞，體內製造能量的氧化步驟被阻斷，各器官的正常功能無法進行，使細胞慢慢地產生無法回復的變化，進而發展成惡性癌細胞。

然而，每年更新、藥性更強的化學物質一直在增加，新的用途也不斷發展出來，因此接觸這些物質已成為全球趨勢。在美國，人造殺蟲劑的產量從一九四七年的一億二千四百二十五萬九千磅，增加到一九六〇年的六億三千七百六十六萬六千磅，增加了五倍之多。這些產品的批發價超過二億五千萬美元，但是就產業的計畫與期望來看，這麼龐大的產量只不過是個開始。

所以，殺蟲劑的本質成為我們應該關心的問題。既然我們和這些化學物質親密地生活在一起——吃、喝它們，把它們帶進血液及骨髓中，那麼我們最好對其性質和藥效有一些了解。

二次世界大戰過後，農藥的成分從無機化合物轉變為碳分子的天下，但是少數幾種舊材料仍然繼續存在，其中最主要的砷，是許多除草劑和除蟲劑的基本成分。砷是毒性強的礦物質，廣泛分布於各種礦產內，不過也有極少量存於火山、海洋，及泉水中，其與人類的關係是多彩多姿且歷史悠久的。因為許多砷化合物無味無臭，所以自古以來，一直都是很受歡迎的殺人毒藥。砷存在於英式煙囪的煙垢中，和一些芳香族碳水化合物*一樣有致癌性，這是兩百年前一位英國醫生發現的。長時間殃及廣大人口的慢性砷中毒，在歷史上存有紀錄。受到砷汙染的環境，也會使馬、牛、羊、豬、鹿、魚和蜜蜂等生物生病死亡。儘管有這些紀錄，對於含砷的農藥，很多人還是照噴不誤。美國南方產棉的農村，因為噴灑砷的緣故，養蜂業已完全絕跡；長期使用含砷農藥的農夫，罹患了慢性砷中毒，家畜也遭毒死。空中飄浮的噴霧微粒，從藍莓園擴散到鄰近的農場，汙染河水，毒死蜜蜂和牛群，也使人生病。「近年來，我國在使用砷物質上完全罔顧一般大眾的健康。」美國國立癌症研究中心環境致癌權威W．C．休柏（W.C. Hueper）博士說：「看過人們怎麼噴灑含砷殺蟲劑的人，對他們極端輕率的態度必定無法忘懷。」

而現代的殺蟲劑毒性更強，主要分為兩類：一種是「碳氫化合物」，以DDT為代表；另一種是有機性的磷酸化合物，以較為人熟知的馬拉松（malathion）和巴拉松（parathion）為代表。如前所述，它們是由碳原子構成；碳原子是生物界不可或缺的組成原料，因此屬於「有機物」。要了解它們，我們必須先知道其組成，及其如何從

*編按：芳香族碳水化合物含有一個或一個以上的苯環；苯環由六個碳原子形成環狀，苯就是最簡單的芳香族碳水化合物。名為「芳香族」是因為一開始是用來稱呼帶香味的植物性化學物質，現在則含括範圍非常廣泛的化合物，在化學上和氣味之有無其實無關，很多甚至是沒有氣味的。

生命的基本化學物質轉變為致命的毒藥。

碳原子幾乎可以無窮盡地彼此結合，成為鏈狀、環狀等各種結構，或者和其他物質的原子結合。事實上，生物之間，從細菌到巨大的藍鯨，之所以能夠種類繁多，主要就是碳的這種能力所致。複雜的蛋白質分子以碳為基本元素，其他分子如脂肪、醣類、酵素和維生素也是如此。此外，許許多多無生命物質亦如是，因為碳原子並非生物才有。

有些有機化合物只是碳和氫的組合；最簡單的甲烷，又稱為沼氣，在自然界乃有機物加水經細菌分解而成。甲烷和空氣適當比例混合，便成為煤礦坑裡可怕的「火氣」。其結構很簡單，是一個碳原子和四個氫原子連結而成：

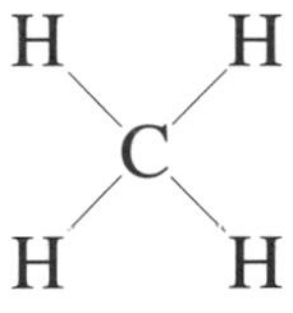

甲烷

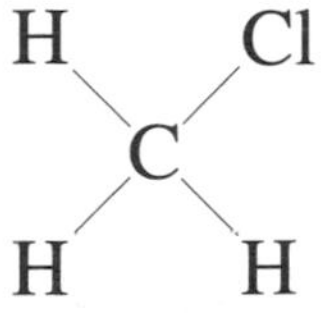

氯甲烷

化學家發現，甲烷的一個或所有氫原子可以讓其他元素所取代。例如：用氯原子取代一個氫原子就成為氯甲烷，成分如上。

把其中三個氫原子拿走，換上氯原子，就變成可作麻醉用的氯仿。

用氯原子取代所有的氫原子，就變為四氯化碳，也就是大家都很熟悉的清潔劑。

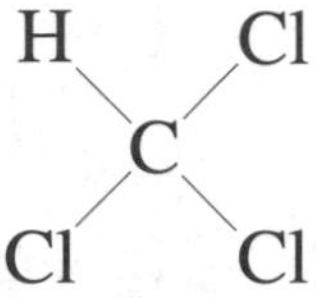

氯仿

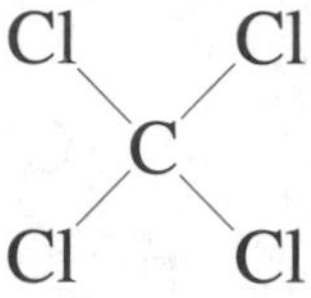

四氯化碳

如此，甲烷這種基本分子的變化即說明了什麼是氯化碳氫化合物。但是這樣的說明顯示不出碳氫化合物在化學上的複雜性，也無法看出為何新的物質可以從中無止盡地創造出來。化學家的目的並非合成簡簡單單的只含單一碳原子的甲烷，而是將含許多碳原子的碳氫化合物，排列成環狀或鏈狀，有副鏈和支鏈；而且互相糾結的化學鍵不僅是由簡單的氫或氯所形成，還有各式各樣的化學基，只要一點點的改變，整個物質的特性就會跟著改變。例如：和什麼原子相連很重要，和哪一個碳相連也很重要，藉著如此巧妙的操縱手法，一種含有無比威力的毒藥，就這樣創造了出來。

DDT（dichloro-diphenyl-trichloro-ethane的縮寫）最先是德國一個化學家於一八七四年合成的，但是直到一九三九年才有人發現其殺蟲的威力，結果一夜之間，DDT馬上被推崇為消滅害蟲和昆蟲傳染性疾病的靈丹。發現者為瑞士的保羅・穆勒

（Paul Müller），因此而得到諾貝爾獎。

目前ＤＤＴ已非常普遍，人們對它熟悉到以為可以安心使用的程度。穆勒在大戰時期ＤＤＴ剛開始使用時，為撲滅蝨子，有無數的軍人、難民及戰俘曾被噴灑過ＤＤＴ，一般人以為，既然這麼多人都被直接噴過ＤＤＴ，而沒有出現任何症狀，ＤＤＴ一定是無害的。之所以會有這種錯誤的觀念，乃是由於粉狀的ＤＤＴ不容易被皮膚吸收，這也是ＤＤＴ和其他碳氫化合物不一樣的地方，然而ＤＤＴ一旦溶於油中，毒性就變得非常強；如果吃到肚子裡去，ＤＤＴ會慢慢地由腸胃道吸收，也可能經由肺吸收。一旦進入生物體內，大部分會儲存在富含脂肪的器官裡（因為ＤＤＴ是脂溶性的），如腎上腺、睪丸或甲狀腺等。另外，肝臟、腎臟及腸繫膜的脂肪也可儲存大量的ＤＤＴ。

生物體內ＤＤＴ的儲存，由攝取少量的ＤＤＴ開始（大部分的食物都含有ＤＤＴ的殘餘），不斷累積到相當高的程度。儲存ＤＤＴ的脂肪，經生物放大作用，會把飲食中少至0.1 ppm（parts per million 百萬分之一）的含量增加到10-15 ppm，等於增加了一百倍，這些用詞是化學家或藥學家常用的，一百萬分之一聽來似乎很少，但是因為這種物質藥性是這麼強，極微量就可以在體內造成巨大的變化。根據動物實驗發現，

3 ppm的含量會抑制心肌裡一種主要酵素，只要5 ppm就會導致肝細胞壞死或解體。至於和ＤＤＴ極接近的地特靈（Dieldrin）和克羅丹（chlordane），只需2.5 ppm就有同樣的藥效。

這一點都不令人驚訝。在人體正常的化學作用下，因果不一定相當。例如：少至萬分之二克的碘，就能造成疾病和健康之別。由於這些殺蟲劑是一點點慢慢累積，而且只能緩慢排泄出來，所以能使肝臟和其他器官慢性中毒和退化。

人體能儲存多少ＤＤＴ，科學家並沒有一致的看法。美國食品與藥物管理局藥理部主任李曼醫師（Arnold Lehman）表示，ＤＤＴ能被吸收的量並無所謂最高或最低量，然而，美國衛生局海耶斯博士（Wayland Hayes）卻認為，ＤＤＴ一旦在人體內累積到一個平衡點，過多的ＤＤＴ就會被排泄掉。目前對人體儲存的問題已有深入的研究，而我們知道一般人體內都累積潛在的危險份量，根據調查，沒有直接接觸ＤＤＴ的人（除了不可避免的飲食外）體內平均含有5.3-7.4 ppm，務農者17.1 ppm，而農藥廠的工人則高達648 ppm，因此，儲存量的範圍很廣，更重要的是，就算是最少的儲存量，也已超過危害肝臟或其他器官與組織的劑量。

和其他相關化學物質相比最可怕的一點，是它們能經由食物鏈從一生物傳給另一生物。例如：在苜蓿田噴灑ＤＤＴ，而後拿苜蓿餵雞，雞生的蛋就會含有ＤＤＴ；或者把含7-8 ppmＤＤＴ的牧草餵乳牛，就會有3 ppm的ＤＤＴ出現在牛奶中，用這牛奶製成的牛油，ＤＤＴ的濃度可能會超過65 ppm，經過這樣的變換過程，極少量的ＤＤＴ也可能會累積到濃度極高的程度。現今乳農很難找到未受汙染的飼料去餵養乳牛，然而食品與藥物管理局已禁止含殺蟲劑殘餘的牛奶在外州出售。

這種毒藥也可能由母親傳給小孩。食品與藥物管理局的官員曾在人奶樣品中發現殺蟲劑殘餘，這表示由母乳餵養的嬰孩，正不斷吸收有毒化學物質。然而，這嬰孩絕不是出生後才接觸到化學物質的，有充分證據顯示，早在母體中就開始了。胎盤是一道保護胎兒，不致受到母體有害物質傷害的屏障，但根據動物實驗，氯化碳氫化合物的殺蟲劑可以自由通過胎盤，雖然胎兒吸收的量很少，但因嬰孩比成人容易中毒，所以也會造成嚴重的後果。這種情形也代表著，今天一般人幾乎在生命一開始就在吸收化學物質，並在往後的生命中不斷累積。

像這樣由少量逐漸累積，即使正常飲食都有可能損害到肝臟的情況，使得食品與藥物管理局的官員早在一九五〇年就宣布：「我們可能低估了ＤＤＴ潛在的傷害。」醫學史上從未有過類似的情況，也沒人知道後果將如何。

克羅丹也是一種氯化碳氫化合物，具有DDT一切令人討厭的性質和其獨有的特性，它的殘餘可以長期停留在土壤、食物及噴灑地點的表面上。克羅丹可經由所有管道進入人體；可以被皮膚吸收，噴灑的塵粒可由呼吸吸入肺中，若被吃下去則可由腸胃道吸收，和其他氯化碳氫化合物一樣，它也可以在人體內累積，飲食中若含2.5 ppm這麼少的克羅丹，在實驗動物的脂肪中也可能累積到75 ppm。

經驗豐富的藥理學家李曼博士在一九五〇年就曾說過，克羅丹是「一種毒性最強的殺蟲劑，人一碰到就會中毒」，住在郊區的市民卻隨便使用克羅丹噴灑草坪，可見他們並沒把警告放在心上。這些郊區市民沒有馬上病倒並不代表什麼，因為毒藥可以長期潛伏體內，使人在數月或數年後才生出不明的病症，而且追溯不到來源；另一方面，克羅丹也有可能立刻致人於死地；有人不慎皮膚碰到百分之二十五的克羅丹溶液，在四十分鐘內便出現中毒症狀，並且因來不及送醫而死，如果人們事先受到警告，這個人便可及早送醫而免於一死。

飛布達（heptachlor）是克羅丹的一種成分，以不同的配方在市面上出售，非常容易在脂肪囤積，若飲食中含區區0.1 ppm，便可在人體內累積到相當的量；同時，在土壤和動植物的組織裡，它也能變成另外一種化學性完全不同的物質，稱為愛撲殺

（epoxide），用鳥類做實驗顯示，愛撲殺的毒性比飛布達更強，而後者的毒性又是克羅丹的四倍。

遠在一九三〇年代中期，就有人發現一種特殊的碳氫化合物，叫做氯化悊，會導致肝炎，對職業上常接觸的人，則會引起一種少見而致命的肝病。在電子業工作的人，有因此而得病或死亡的；在農業中，人們認為它會使牛群罹患一種離奇而致命的疾病。觀察上述事件，便可知和氯化悊相關的殺蟲劑是所有碳氫化合物中毒性最強的，這些殺蟲劑分別是地特靈、阿特靈（aldrin），和茵特靈（endrin）。

以德國化學家地爾斯（Diels）命名的地特靈，如果吞到肚子裡去，其毒性比DDT強五倍，若以溶液的形式由皮膚吸收，則毒性強上四十倍。它藥力很快，對神經系統有很強的作用，使中毒者痙攣，而復原也極為緩慢，顯出慢性藥效；和其他氯化碳氫化合物一樣，長期作用會嚴重損壞肝臟。由於藥效持久，對昆蟲殺傷力強，使地特靈成為當今最常用的殺蟲劑，但其對生態有極大的破壞力，有人用鵪鶉和雉雞做過實驗，其毒性比DDT強四十到五十倍。

對於地特靈是怎麼在生物體內擴散、儲存或排泄出來，沒有人知道，因為化學家發明殺蟲劑的才華，遠遠超過生物學上這些藥物對生物影響的知識。不過，有證據顯示，地特靈可以在人體儲存很久，如休眠的火山一樣，一旦身體用到儲存的脂肪時，藥效就會爆發出來，許多我們現在知道的知識，來自世界衛生組織在撲滅瘧疾中所得的慘痛經驗。當人們用地特靈取代ＤＤＴ時（因瘧蚊對ＤＤＴ已產生抗藥性），負責噴灑地特靈的人員馬上有中毒的跡象，一半以上的人痙攣發作，有些人因而死亡，有些人在四個月後還會出現痙攣現象。

阿特靈是一種神祕的物質，它雖然和地特靈不一樣，卻可以變成地特靈。噴灑過阿特靈的田地所生產的蘿蔔，會含有地特靈。這種變換能在活細胞和土壤中發生，常誤導許多人做出錯誤的檢驗報告，因為若只檢驗阿特靈的成分，就會以為沒有殘餘，而實際上，這些殘餘是變成了地特靈，需要不同的方法才檢驗得出來。

阿特靈和地特靈一樣毒性很強，會使肝臟和腎臟功能衰退。和一粒阿斯匹靈一樣大小的劑量，就能殺死四百隻鵪鶉。關於人中毒的案例也是有的，大部分是職業上需要直接接觸的人。

阿特靈和大部分這一類殺蟲劑一樣，也威脅到未來，那就是不孕症，用不至於致死的劑量餵養的雉雞，幾乎不能生蛋，孵出的小雞也活不長。這種後果不只限於鳥類，對老鼠也一樣，會減低受孕機率，小老鼠也活不久；而被餵過阿特靈的母狗生下的小狗，不到三天就死了。為何新生的一代得承受上一代遭到的毒害？沒有人知道是否同樣的後果也會發生在人類身上，然而這種化學物質已被飛機噴灑到郊區和農田裡。

茵特靈是所有氯化碳氫化合物中毒性最強的，雖然在化學上和地特靈非常接近，但是因分子結構的一點改變，使藥性比地特靈強五倍，亦使殺蟲劑的鼻祖ＤＤＴ黯然失色。茵特靈的藥效對哺乳動物而言比ＤＤＴ強十五倍，對魚類強三十倍，對某些鳥類強到三百倍。

在使用茵特靈的十年中，無數的魚因而死亡，牛群因不慎走入噴過茵特靈的果園而中毒，水井也受到汙染，使許多州的衛生局發出警告，指出輕率使用茵特靈會危害人類健康。

在茵特靈中毒案件中，有個悲慘的例子倒不是使用不當所造成，因為事前的確有周詳的預防措施——一對美國夫婦帶著一歲大的孩子搬去委內瑞拉，由於房子有蟑螂，所以幾天後就請人來噴灑茵特靈。在早上噴灑前約九點左右，小孩和家裡的小狗就被帶到屋外，噴灑後房子地板也清洗過，然後小孩和狗在下午回到房子裡。約一個小時後小狗開始嘔吐、抽搐、隨即死亡。到晚上十點鐘，小孩也開始嘔吐、抽搐而不省人事。經過這次和茵特靈致命的接觸之後，這原本正常、健康的小孩變成像植物人一樣，看不見、聽不到，肌肉經常抽搐，和外界完全隔離。在紐約醫院經過數月的治療，既無改善也看不出有治癒的希望。據醫生表示：「不大可能會有任何轉機。」

第二種主要殺蟲劑是烷基或有機磷化合物，也是世上最毒的化學物質。最主要也最明顯的毒害，是毒性發展迅速，中毒的通常是噴灑的人，或不小心接觸到噴霧、被噴灑過的植物、或棄置容器的人。在佛羅里達州，有兩個小孩找到一個空袋子，就用它來修理鞦韆，一會兒兩個人都死了，而有三個一起玩的小朋友病倒，原來那個袋子曾經裝過巴拉松，那是一種有機磷，中毒是會致命的。另一個案例發生在威斯康辛州，有兩個表兄弟在同一晚上死亡，一個是當他父親用巴拉松噴灑馬鈴薯田時，他正好在附近玩耍；另一個是跟著父親到穀倉裡而用手摸噴藥器的噴嘴。

這些殺蟲劑的來歷，帶有一些諷刺意味，雖然這些磷酸有機酯的化學物質許多年前就有人知道，但是殺蟲的特性一直到一九三〇年末期才被德國化學家史雷德（Gerhard Schrader）發現，德國政府馬上就想到可以用這些物質做出威力強大的新武器，而開始祕密進行研究。於是，這些東西有些成為致命的神經毒氣，其他有類似結構的則成為殺蟲劑。

有機磷殺蟲劑對生物的作用不同的是，它們可以破壞生物體內所需的酵素。不管是昆蟲或溫血動物，其目標都是神經系統。在正常情況下，神經之間消息的傳送是靠一種化學性的「神經傳導物質」，叫作「乙醯膽鹼」。乙醯膽鹼在執行功能後就會消失，其實它存在的時間非常短暫，若無特殊方法，科學家是無法在它消失之前取得樣品的。這種瞬間消失的性質，是化學傳導在生物體正常運作時所必須的。若乙醯膽鹼在神經刺激過後還繼續存在，刺激就不斷在神經間傳來傳去，而且作用愈來愈強。身體的運作便會變得不協調，發生顫抖、肌肉痙攣、抽搐，很快地導致死亡。

對這種可能發生的意外，生物體已有所準備，有一種保護性的酵素叫做「乙醯膽酯櫃」，可以破壞用過的乙醯膽鹼，如此，身體就可達到平衡，不會累積太多危險的乙醯膽鹼。然而，乙醯膽酯櫃一碰上有機磷殺蟲劑就會受到破壞，因此降低乙醯膽酯櫃的含量，會使乙醯膽鹼累積起來。多次接觸殺蟲劑的人，乙醯膽酯櫃會減少，直到瀕臨急性中毒的程度，這時，可能只需極微量的殺蟲劑，就能讓這個人中毒。因此，施行噴灑或常接觸殺蟲劑的人，必須定期做血液檢查。

巴拉松是最廣為使用的有機磷化合物，同時也是效力最強、最危險的。蜜蜂一碰到巴拉松，就會變得異常興奮、好鬥，狂亂地不能自己，在半小時內就奄奄一息。有個化學家想知道巴拉松對人類毒害的劑量，就吞下極小的量，相當於0.00424盎司，結果馬上就癱瘓了，快得他來不及吃手上準備好的解毒劑，就當場死亡。據說在芬蘭，常有人用巴拉松自殺。最近幾年，美國加州每年平均有二百多起巴拉松意外中毒的事件，在全世界許多地方，巴拉松的致死率很是驚人：在一九五八年印度有一百件，敘利亞六十七件，而在日本每年平均有三百三十六件。

然而，現在美國的農場和果園，就用了七百萬磅的巴拉松，用人工、機器，或飛機噴灑。光是用在加州農場的量，據一位醫學權威表示，就足以毒死五到六倍全地球的人口。

幸好巴拉松及其他類似的化學物質很快就會分解；和氯化碳氫化合物比起來，其殘留在農作物上的時間很短，不過也足以造成嚴重傷害或死亡。在加州的河濱城（Riverside），有三十個人在摘橘子，其中十一個人突然生病，除了一個以外都被送進醫院。他們的症狀都是典型的巴拉松中毒，由於橘園大約在二十天前噴過巴拉松，那使他們嘔吐、半盲、半昏迷的巴拉松殘餘，已有十六到十九天之久了。而這還不是最持久的；同樣的情況也曾發生在巴拉松噴過一個月的橘園，而且在六個月前噴過巴拉松的橘子皮上也還發現有巴拉松的殘餘。

在農田、果園，及葡萄園使用有機磷殺蟲劑對工人非常危險，所以有些州設立實驗室以協助醫生診斷與治療。醫生也會有危險，除非在處理病人的時候戴上手套；同樣的，清洗病人的衣服時也必須戴手套，因為衣服可能吸收到巴拉松。

馬拉松是另外一種有機磷化合物，幾乎和DDT一樣眾所皆知，廣泛用於去除花園或一般家庭的蚊蟲，在佛羅里達州曾被用來噴灑將近一百萬英哩的土地以撲滅地中海果蠅。馬拉松在這類化學物質中毒性最低，因此很多人以為可以隨便使用，而不必擔心會造成什麼問題，商業廣告更是鼓勵大家安心使用。

如此宣稱馬拉松是「安全」的，實在很危險，其危險性一直到使用數年後才被人發現。馬拉松之所以「安全」，是因為哺乳類的肝臟有無比的保護能力，含有一種酵素能化解馬拉松的毒性，如果這酵素受到破壞或其作用遭到干擾，接觸馬拉松的人就會受到全副毒性的傷害。

很不幸的，這種事情常常發生。幾年前，食品與藥物管理局一組科學家發現，若把馬拉松和其他有機磷化合物混用，毒性可以增加五十倍。換句話說，只要將二者致命劑量的百分之一混在一起，就能達到致命的效果。

這項發現，使人們開始測試合併其他藥物的試驗，目前所知，許多有機磷殺蟲劑合併使用是很危險的，因毒性可在混合後增強。增強作用的原因似乎在於，其中一種化合物會破壞分解另一種化合物的酵素。就算兩種化合物沒有同時使用，如果這一週用這種殺蟲劑，下一週用另外一種，還是會有上述的危險；此外，消費者食用噴灑過的農產品也會有同樣的危險。普通的沙拉，可能就含有各種不同的有機磷殺蟲劑，在法令許可範圍內的殘餘量，也可能會互相作用。

這種化學藥品互相作用的嚴重性，可能還沒有人知道，不過實驗室裡常常有令人不安的發現。例如：一種有機磷化合物的毒性，可以被另一種物質增強，而那物質卻未必是殺蟲劑。像是某種塑化劑就比其他殺蟲劑更能增強馬拉松的毒性，因為它可以抑制肝臟裡酵素分解馬拉松的功能。

在人類的環境中，還有什麼化學物質呢？特別是在藥品方面？這方面的研究才剛剛開始，但是現已知道有些有機磷化合物（巴拉松和馬拉松）會使某些用來鬆弛肌肉的藥品毒性增強，而其他人工化合物（也包括馬拉松）會大大增加服用巴比妥酸鹽（Barbiturates）的睡眠時間。

在希臘神話中，有一位女巫名叫美狄亞（Medea），因為被丈夫傑森（Jason）拋棄，在盛怒之餘，將一件魔袍送給他的新娘，穿了這件魔袍的人，會立刻暴斃。這種間接殺人的手段，現在有一種新的方法叫做「滲透性殺蟲劑」。這種殺蟲劑特性，就是能把動植物變成美狄亞的魔袍，使它們變得有毒性，目的是毒殺昆蟲，特別是吮吸動植物汁液或血液的昆蟲。

滲透性殺蟲劑的世界很可怕，超乎格林童話故事作者所想像的。在這個世界裡，神話中被下了魔法的森林變成了毒林，昆蟲咬下一片葉子或吸一口樹汁，就必死無疑；咬了狗的跳蚤會倒地斃命，因為狗血是有毒的；昆蟲會因植物發散出來的毒氣而死；蜜蜂會把有毒的花蜜帶回家，製成有毒的蜂蜜。

應用昆蟲學家發現，麥子種在含有硒酸鈉的土地上，就不致受蚜蟲及小蜘蛛的破壞。他們從自然界的現象得到靈感，發明這種殺蟲劑就成為他們的夢想。硒是一種天然的元素，在世界許多地方的岩石和土壤都有一些，因此成為第一個滲透性殺蟲劑。

殺蟲劑之所以有滲透性，是因為能滲透動植物的組織，使之具有毒性。化合物和人工合成的氯化碳氫化合物、有機磷化合物，以及自然界某些物質，都有這種性質，在應用時則大多使用有機磷化合物，因為殘餘的問題比較不那麼嚴重。

滲透性殺蟲劑作用的途徑有許多種：將種子浸泡在滲透劑裡，或裹上一層滲透劑和碳粉混合物的溶液，其功效可以延續到下一代子孫，產生對蚜蟲及其他吸吮汁液的昆蟲有毒的植物。像豌豆等豆類和甜菜，有時就是靠這種方法保護的。裹有一層滲透性殺蟲劑的棉花種子，在加州已使用多時，但是在一九五九年，聖祖擎谷（San Joaquin Valley）裡有二十五個農場工人突然病倒，病因是接觸了裹有滲透性殺蟲劑的種子。

在英國，有人想知道若蜜蜂在經過滲透劑處理的植物上採蜂蜜，會有什麼結果。他們在噴過一種化學物質叫舒蘭丹（Schradan）的地方調查，發現植物雖然是在開花前噴灑的，蜂蜜卻含有舒蘭丹。

滲透劑在動物方面的使用，主要是針對危害畜牧的寄生蟲——牛蟲。使用滲透劑時必須非常小心，才可使動物的血液及組織有殺蟲的效力，而又不致把牛毒死。這種平衡是很脆弱的，政府官員發現，若給牛注射多次小劑量的滲透劑，將逐漸減少其體內的保護酵素乙醯膽酯欄。因此，因為無效就再多給一點劑量可能會把牛殺死。

很多跡象清楚地顯示出，這方面的發展已影響到我們的日常生活。你可能曾給你的狗吃藥片，因為根據藥廠說明，這種藥片會使狗的血有毒而為牠去除跳蚤，但是滲透劑對牛有害，對狗可能也是一樣，到目前還沒有人提出給人用的滲透劑，把咬人的蚊子毒死，不過，這可能就是下一步了。

本章到目前為止，討論的都是用致命的化學物質來對抗昆蟲。那我們又是怎麼對付雜草的呢？

由於大家想要有簡便的方法去除不要的植物，因此有愈來愈多、各式各樣的化學物品問世，我們通稱為除草劑。在第六章將談到我們是如何濫用除草劑的，此處要談的是，除草劑是否有毒，以及除草劑是否是環境汙染的一個因素。

除草劑只對植物有毒，對動物無害的說法已廣為流傳，不幸的是，這是不對的。除草劑包括許許多多不一樣的化學物質，對動物和植物的組織都有影響。其作用視生物種類而定，有些是一般性毒品，有些能強力刺激新陳代謝，使體溫升至可以致命的程度，有些能單獨或和其他物質一起導致惡性瘤，有些能造成基因突變。因此，除草劑就像殺蟲劑一樣，輕信其安全性而隨便使用，將會有慘重的後果。

儘管有新的化學物質不斷從實驗室製造出來，含砷化合物還是很常用，不但被使用為殺蟲劑，也以亞砷酸鈉的形式用作除草劑。亞砷酸鈉的使用記錄很令人憂心；用它噴灑路邊雜草，曾造成牧牛及無數野生動物的傷亡；用它消除湖泊和水庫的水草，又會汙染公共飲水，水質甚至不適游泳；用來消除馬鈴薯田的薯藤，也曾使動物和人類喪命。

在英格蘭，人們本來以硫酸去除馬鈴薯藤，直到一九五一年因硫酸短缺才改用亞砷酸鈉，當時農業局覺得有必要在噴過亞砷酸鈉的田地設立警告標誌，但是顯然牛群看不懂警告標語（想必野生動物和鳥類也一樣），因此常常有牛隻中毒。最後有個農夫的妻子因喝了含砷的水而喪生，使一家英國主要化學工廠於一九五九年停止製造含砷噴霧劑，並從零售店撤回貨品。不久，農業局就宣布禁用含砷藥物，於一九六一年，澳洲政府也宣布禁用，然而，美國政府卻未設定任何限制。

「二硝基」化合物也可用作除草劑，在美國它是這類藥物中公認最危險的，二硝基酚（dinitrophenol）能強烈刺激新陳代謝，因此曾被用來減肥，但是減肥和中毒的劑量相差極微，因此使好幾個病人死亡或受到永久性的傷害，結果就被禁用了。

另一個相關的化學物品，五氯酚（pentachlorophenol），有時亦稱為「平達」（penta），可用作殺蟲劑和除草劑，常用來噴灑鐵軌和荒廢的區域，其毒性對從細菌至人類等廣泛範圍的生物都很強，它和二硝基化合物一樣是致命的毒藥，會干擾體內能量的生產，使生物把自己的能量全部消耗掉。最近加州發生一件命案，充分顯示這藥物可怕的毒性：有個卡車司機把平達和柴油混合當作棉花脫葉劑，當他把桶子內的混合物倒出來時，不小心塞子掉進桶子裡面，他光著手把塞子取出來，雖然馬上洗了手，但也馬上就生重病，隔天就死了。

像亞砷酸鈉或酚類等除草劑的毒性是很明顯的，但有些除草劑所引起的後果，就不那麼明顯了。例如：著名的蔓越橘除草劑氨基三唑（aminotriazole），或稱為「殺草強」（amitrol），這一類的後果可能比前者更為可怕。

在除草劑中還有一些被分類為「誘變劑」，是能改變基因，也就是遺傳物質的藥物。輻射線對遺傳的影響已使我們心驚膽跳了，對於有同樣作用的化學物質，我們處在其中能感到無所謂嗎？

第 4 章

地球的水

在河水、湖水和蓄水池，
甚至餐桌的一杯水中，
都含有一堆混合的化學物質，
那是所有具責任感的化學家
不會想要在實驗室隨便混合的。

在所有天然資源中，水最為珍貴。地球表面絕大部分是海洋，然而我們卻還有缺水的問題；矛盾的地方在於，地球上大部分的水並不適於農業、工業或人類日常生活之用，因其含高濃度的鹽分，因此世上大部分人不是經歷過，就是正面臨著嚴重的水荒。在這個時代，人類忘卻自己的根源，看不清自己賴以生存的基本需求，所以和其他天然資源一樣，水也成為人類漠不關心的犧牲品。

殺蟲劑汙染水質的問題，惟有從人類汙染環境的全面性來看，才能了解其嚴重性。排放入水道的汙染物質，來源有很多：包括反應爐、實驗室和醫院的放射性廢料、核子爆炸的原子塵、市鎮的垃圾、工廠的化學廢物等，以及另一種汙染——噴灑在農地、花園、森林和田野的化學物質。這些物質一旦混合起來，可以產生類似或增強輻射的作用，而且還會彼此反應、轉化，或產生相乘效果，其危害程度仍然不明。

自化學家開始製造自然界原本不存在的物質以來，水質汙染的問題就變得複雜起來，而用水的危險性也增加了。如前所述，人造化學物質的大量生產，始於一九四〇年代，現在人們每天倒入水道的化學物質，總量是相當驚人的。這些化學物質因大部分都很穩定，若和一般垃圾聚合，流到水裡，往往是一般淨水設備所難以檢測及分解的。在河流中，許許多多不同種類的汙染物質結合所產生的沈澱物，衛生專家只能胡亂稱之為「髒東西」。麻省理工學院的羅夫・艾利安生（Rolf Eliassen）在國會作證時，針對這些化學混合物的作用及其有機成分指出：「那是什麼東西？對人有什麼作用？我們還不知道。」用來防治昆蟲、鼠類和雜草的化學物質，以不斷增長的速度，形成這些有機汙染物。有些是人們故意攙入水中以去除植物、昆蟲的幼蟲或不要的魚類，有些是從噴灑森林而來。噴灑森林可涵蓋三百萬英畝，為的是消滅某一害蟲，但是殺蟲劑卻直接落入河川或自葉縫流入林地，展開一串漫長的旅程，緩緩流向海洋。大部分的汙染，或許源自農場為防治昆蟲或鼠類所施用的數百萬磅農藥，由於這些農藥是水溶性的，所以可由雨水沖入海洋。

已有繁多的證據顯示，在溪流和公共水源地，到處都有這些化學物質的殘留。例如：賓州某果園飲水所含的農藥，能在僅僅四小時內，將實驗室專供測試的魚毒死。自灑過農藥的棉花田下游取得的水樣品，在經淨水廠處理後仍能導致魚類死亡。阿拉巴馬州田納西河有十五條支流，農田若噴過農藥，就會使其下游的魚全數毒死；其中有兩條支流還是供應都市用水的水源。殺蟲劑噴過一週後，設置在下游魚網中的金魚，每天仍一隻隻地死去，證明河水仍舊有毒。

此類汙染，絕大多數不為人所察，除非有成千上萬的魚死亡。負責淨化水的化學家，對這些農藥沒有作例行的檢驗，也無法將之去除。無論如何，大量噴灑入田地的農藥，以在美國許多主要河川系統中發現，也可能是全數河川。

若有人懷疑農藥汙染河流的普遍性，我們來看看美國魚類和野生生物保育協會在一九六〇年公布的一份報告。該協會進行一項研究，以調查魚類是否和溫血動物一樣，會把農藥積聚在體內。在美國西部曾為了防治雲杉捲葉蛾而在林地噴灑ＤＤＴ，自林區取得的魚，正如所料，全部含有ＤＤＴ。更驚人的是，取自上游三十哩外，未噴過農藥，和上述林地之間有一大瀑布隔離的魚，也同樣含有ＤＤＴ。農藥是透過地下水滲透汙染的嗎？或是經由空氣，飄散到溪流表面？在另一項調查中，亦發現取自一養魚場的魚含有ＤＤＴ，然其水源來自一口深井，並無農藥噴灑的記錄，汙染的唯一可能途徑，似乎是地下水。

所有水質汙染的問題中，對人威脅最大的莫過於地下水的普遍汙染。不管在哪一處使用農藥，很難不危害所有地區的水質。大自然的運作絕少是在密閉、隔離的狀況下進行，地球的水流系統亦然。雨水降落到田地，從土壤和岩石的隙縫，一層層穿透地層，最後來到一處充滿水氣的地帶，一片漆黑的地下海洋。這些地下水一直都在移動，速度有時每年不超過五十英呎，有時又將近每天十分之一英哩，經由看不見的水道，自地面各處以泉水湧冒出來，或經人挖鑿成為井水。但大多數的地下水都進入河流，除了直接降落的雨水外，地球表面的流水都曾一度是地下水，因此，汙染地下水就是汙染各處的水。

有毒的化學物質，必定能經由這片漆黑的地下海洋，從科羅拉多州某工廠漂流至數哩遠外的農地，汙染水井，使人和家畜生病，並損害農作物；這可能僅是個開端而已。在一九四三年，位於丹佛市附近的陸軍化學兵部隊洛基山兵工廠開始製造軍用品。八年後，其設備由一私人石油公司租用，生產殺蟲劑。而在轉手之後，奇怪的事件便開始出現。數哩外的農人抱怨說家畜患了不明的疾病，廣大的農作物也遭到損害：葉子變黃、植物無法成熟，許多作物完全死掉，人得病的事亦有所聞，想來也有所關聯。

這些農地的灌溉水，來自一口淺井。在一九五九年由數個州和聯邦政府機關一起參與的檢驗結果發現，井水中含有多種化學物質。洛基山兵工廠在數年的經營中，將氯化物、氯酸鹽、磷酸鹽、氟化物及砷等倒入廢水池中。兵工廠和農田之間的地下水已遭汙染，汙染物在七、八年間走了近三哩長的距離。這種滲透作用會繼續擴展，而汙染到無遠弗屆的範圍，檢驗人員對如何限制汙染範圍實在束手無策。

這已是夠糟的了，但最可怕的是，在某些井水和廢水池中竟然可以發現除草劑2,4-D（二氯苯氧基乙酸），這足以解釋作物遭到損害的原因；但神祕的是，兵工廠並不製造2,4-D。經過長期謹慎的研究，工廠化學家的結論是，2,4-D是在廢水池中自然形成的；從兵工廠倒出的廢物，經空氣、水分和陽光的作用，未經人的參與，便使廢水池成為製造新化學物質的實驗室，而產生對植物有劇毒的2,4-D。

因此，科羅拉多州農場及受害的作物，具有超越地域性的意義。不僅是科羅拉多州，其他水源地的化學汙染，是否也有類似的情事？在湖水和溪流中，在空氣和陽光的催化下，有哪些危險的物質會產生出來，而我們能將之分類為「無害」的？

其實，化學物質汙染水質最可怕的一面，是河水、湖水或蓄水池，甚至餐桌上的一杯水中，都含有一堆混合的化學物質，那是所有具責任感的化學家不會想要在實驗室隨便混合的，這些混合的化學物質，可能會相互作用。美國公共衛生局的官員擔心，比較無害的化學物質孕育出毒品的情形，可能極為嚴重。化學反應可能發生在兩種或多種化學物質之間，或者化學物質與放射性廢物之間。在離子放射線的作用下，原子可能會重新排列、改變化學性質，後果既無法預測，也無法控制。

當然，不僅是地下水遭到汙染，地表的溪流、河水和灌溉水也一樣。後者有一個令人擔心的例子，似乎正在加州杜勒湖（Tule Lake）及下卡拉馬士湖（Lower Klamath Lake）的國家野生動物保護區醞釀。這些保護區是一系列保護區的一部分，還包括位於奧勒岡州邊界的上卡拉馬士湖保護區。這些保護區共用一處水源，如小島一樣串連在一片海洋似的農田中。這些農地乃是經由人工排水與引流，從原是水鳥天堂的沼澤與開放水域改造而成。現今，保護區附近農地的灌溉水來自上卡拉馬士湖，水灌溉了農地之後，再注入杜勒湖，接著滲入下卡拉馬士湖，因此，所有野生動物保護區的水均來自這兩區湖水，農田排水的水質也是如此；這和下列發生的事有很大的關係。

一九六〇年夏天，保護區工作人員在杜勒湖和下卡拉馬士湖撿到數百隻死鳥或奄奄一息的鳥種，其中大部分是吃魚的蒼鷺、塘鵝、鸊鷉及海鷗，經過分析，發現牠們都含有下列農藥殘留：托殺芬（toxaphene）、DDD及DDE。兩湖中的魚亦含農藥，湖中的浮游生物亦如是。保護區管理員相信，農藥殘餘不斷在保護區的流水中積聚。

倘若任由保護區使用這種下過毒的水，每一位獵鴨者，以及將水鳥在黃昏橫越高空、形成一條飄浮彩帶的景緻和聲響視為珍貴的人，都應可覺察到其後果。這些特別的保護區在西部水鳥保護中占有重要地位，所有候鳥遷徙的路線都在此匯合，成為著名的「太平洋航道會合點」。在秋天遷移的季節，數百萬隻鴨鵝會從白令海峽海岸往哈德遜灣的棲息地點飛來，在所有往南飛到太平洋各州的水鳥中，這些過境的鳥就占了四分之三。在夏天，此處提供水鳥棲息的地方，特別是兩種瀕臨絕種的鳥——美洲潛鴨及紅鴨。如果這些保護區的湖泊遭到嚴重汙染，對西部水鳥的傷害，將無法彌補。

水的問題，必須由食物鏈的角度來考量。從小至砂塵浮游生物的綠色細胞、微細的水蚤，到吃浮游生物的魚，以至吃魚的其他大魚，或鳥類、貂類、浣熊等，在無盡的循環裡，物質由一生物轉移至另一生物。我們知道，水中必要的礦物質，在食物鏈中是環環相扣的。難道我們以為大家飲水裡的毒藥，不會進入這種天然的循環中？

答案可由加州清湖（Clear Lake）驚人的歷史中發現。清湖位於舊金山以北九十英哩的山區中，向為釣魚勝地。清湖這名字並不名符其實，這座湖相當混濁，因為有層黑色的軟泥掩蓋著淺淺的湖底。不幸的是，對釣魚者和度假的人們而言，湖水提供某種煩人的小蚋蟲（Chaoborus astictopus）一個絕佳的生物環境。這種小蚋蟲和蚊子很接近，但並不吸血，成蟲可能什麼都不吃，只是必須和牠們一起分享空間的人們，因其數量之多而不堪其擾，想盡辦法去驅趕都沒什麼效果。直到一九四〇年代末期，氯化碳氫化合物問世，才有了殺蚋蟲的利器，選用的化學物質是ＤＤＤ，雖然和ＤＤＴ很接近，但顯然對魚類的傷害較低。

在一九四九年，控制蚋蟲的方法經過審慎計畫，大家還以為不會有什麼傷害，經過調查，測出湖水體積，把殺蟲劑的量定為，每一分殺蟲劑比上七千萬分的水。「蚋蚊防治」起先效果很好，但到一九五四年，不得不又加了一次殺蟲劑，這次的稀釋比例是一比五千萬，人們以為，至此蚋蚊已全數滅絕。接下來的冬天，第一個生物受害的徵兆出現：湖面上的西部鷿鷈開始死亡，接著很快又有上百隻跟進。西部鷿鷈是在清湖繁殖的鳥類，也是冬天的訪客，被湖中繁多的魚吸引而來，其外表賞心悅目，行為奇特迷人，在清湖中築造漂浮的窩，人們稱牠們為「天鵝鷿鷈」，因其輕盈地游過水面，不引起一點波漣；牠們身體沈得低低地，白色的頸部和黑色閃亮的頭昂得高高地。新孵出的小鳥全身包裹著細軟的灰毛，數小時內便被親鳥帶入水中，騎在公鳥或母鳥的背上，偎依在牠們翅膀的保護中。

在一九五七年，人們第三次施放藥物，企圖再次消滅那頑強的蚋蚊，但更多鷿鷈死亡了。正如一九五四年顯示的，死亡的個體並沒有任何傳染病的徵狀。有人想到去分析屍體的脂肪組織，這才發現牠們含有ＤＤＤ，濃度高達1600 ppm。

人們攙入水中的DDD最高劑量是0.02 ppm，DDD怎麼會在體內累積到這麼高的濃度？當然，這些鳥吃的是魚，於是人們開始分析清湖的魚，真相才慢慢突顯出來。DDD先由最小的微生物吸收、濃縮，再轉移給較大的生物。浮游生物含有5 ppm的DDD（約湖水最高含量的二十五倍），吃植物的魚類體內累積到40-300 ppm，而吃魚的動物則將之全部儲存起來。有一隻棕鯰竟存有2500 ppm。這形成一連串的循環——大型肉食動物吃小型肉食動物，小型肉食動物捕食草食動物，草食動物吃浮游生物，浮游生物則從湖水吸收毒藥。

後來，又發現更多非比尋常的事。最後一次噴灑殺蟲劑後沒多久，湖水已不見DDD的蹤跡，但毒藥並未真的消失，只不過進入湖水生物的組織中。化學處理停止後二十三個月，浮游生物仍含有多達5.3 ppm的DDD。在近兩年的時間中，浮游生物生長了又消失，雖然水中已查驗不出毒藥，但是已存留在湖中生物體內，一代代由生物傳遞了下來。化學藥劑施用一年後，所有魚類、鳥類和青蛙仍然含有DDD，其含量總是較湖水中原來的濃度高出許多倍。在DDD施用九個月後才孵化的魚，體內帶有DDD，而加利福尼亞鷗體內也累積有超過2000 ppm的DDD；同時，來此棲居的鸊鷉數量驟減，從使用殺蟲劑前的一千對降至一九六〇年的三十對。而縱使還有這三十對也似乎於事無補，因為自從最後一次使用ＤＤＤ後，湖上再也看不到小鷿鷈了。

這整個中毒的鎖鏈，在當時人們以為主因是小植物會吸收而濃縮ＤＤＤ，但食物鏈的另一端——對此毫不知情的人，備齊釣竿，從清湖釣上成串的魚，帶回家用油煎了作晚餐，高劑量的ＤＤＤ，食入後會有什麼後果？

加州公共衛生局雖聲稱ＤＤＤ沒有危險，但仍不得不在一九五九年停用ＤＤＤ。有這麼多科學證據顯示此化學物質對生物的毒性，衛生局所採取的措施似乎也只是最起碼的防範。ＤＤＤ對生物的作用，似乎和其他殺蟲劑不一樣，它會破壞腎上腺的外層細胞，而這正是分泌腎上腺皮質激素的部分。自一九四八年發現這種藥性以來，人們起初以為只會對狗有作用，因為在動物實驗中對其他動物如猴子、老鼠或兔子並無反應。然而，ＤＤＤ在狗身上產生的症狀，似乎和人的愛迪生症*很像。最近的醫學研究發現，ＤＤＤ果真能強力抑制人類腎上腺皮質的功能。目前，其破壞細胞的功能已在臨床上被用來醫治一種罕見的腎上腺癌。

清湖的境況帶來一個大眾必須面對的問題：為了要控制昆蟲數量來使用對生物有強效作用的藥物，特別是將藥物直接攙在水中的做法是明智的嗎？這是我們所要的

*編按：Addison's Disease，腎上腺皮質功能減少之疾病。

嗎？縱使用量極低，也毫無意義，因為正如清湖所顯示的，濃度會透過自然的食物鏈而急遽增高。然而，清湖的事件目前是一個層出不窮，且愈演愈烈的典型，為了解決芝麻小事，卻造成更為嚴重的後果；為了對付惱人的蚋蚊，所有在湖裡取用水或食物的生物卻得付出代價；這種情形不但沒有人說得清楚，也無人明白。

用藥物處理水的作法，已經非常普遍，其目的通常是提高休閒用途，縱使處理過的水得再花時間、精力和金錢去淨化也在所不惜。有個地方的人為了要「改善」某一水庫釣魚的條件，勸服當局丟下一堆藥物毒殺不要的魚，然後再放入適合釣者口味的魚，這種作法就像愛麗絲漫遊仙境一樣天真、詭異。水庫是用來提供大眾水源的，但是這地區的人，也許對釣者的計畫毫不知情，就被迫飲用殘留藥物的水，或用稅收來處理水質，將藥物去除，而這種水質處理也絕非安全可靠。

如今地面和地下水都被殺蟲劑和其他化學物質所汙染，除了毒性外，另一項危險是，致癌藥物也同時被帶入公眾水源中。美國國立癌症中心的休柏醫生曾警告說：「飲用受汙染水源而導致癌症的危險性，將在未來逐日遽增。」

確實，在一九五〇年代初期，荷蘭的一件研究結果就支持了這個水道可能含有致癌物質的理論。飲水取自河川的城市，癌症死亡率比飲水取自較不易受汙染的水源，例如：水井的城市高。環境所有物質中最為人確知會致癌的砷，在歷史上就造成兩起因汙染水源而導致癌症廣為流行的案例。第一起來自礦渣堆；另一起則來自含砷量極高的天然岩石。這種情形，在大量使用含砷殺蟲劑的狀況下，很容易再度發生；其毒性會落入土裡，由雨水帶到河流及水庫，以及地層下的地下水中。

這裡我們再度體會到，自然界沒有什麼東西是單獨存在的，要更了解汙染是怎麼發生的，我們得看看地球的另一個基礎資源——土壤。

第 5 章

土壤的國度

當有毒性的化學物質流到土壤裡，
對土壤裡無數非常重要的生物有何影響呢？
我們能用各種農藥去消滅
潛藏在土中對農作物有害的昆蟲，
而不傷害分解有機物的益蟲嗎？

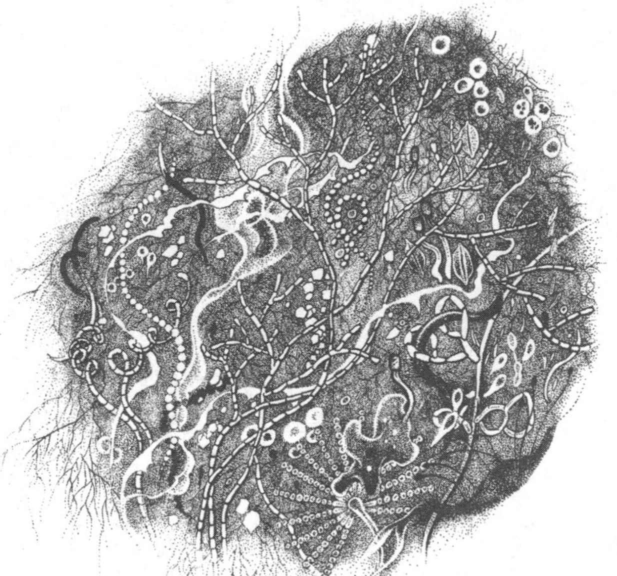

那一塊塊覆蓋在陸地表面的薄層土壤，控制了我們及陸地上每一動物的生存空間。沒有土壤，陸上的植物就無法生長，而沒有植物，任何動物都無法生存。

然而，正如我們以農業為主的生活倚賴土壤，土壤也一樣倚賴生物，其起源和性質，都和動植物有密切的關係。土壤是生命起源的一部分，源自遠古以前生物和非生物神妙的相互作用所形成。其組成材料是由火山噴湧而出，流水侵蝕板塊的裸露岩層，甚至最硬的花崗岩層，以及岩石被冰霜凍碎所形成的。然後生物慢慢運用神奇，將這些沒有生命的物質變成土壤。覆蓋在岩石上的地衣，會釋出酸性分泌物，幫助岩石分解，製造出供其他生物寄居的住所；苔蘚則緊附在土壤的小孔中，這種土壤是由岩石上崩落的地衣碎片、細小昆蟲的外殼，及剛從海洋踏上陸地的原始動物殘餘碎片而形成。

生物不但產生土壤，其無比的豐盛與多樣性也表現在土壤中——倘非如此，土壤將是死的，什麼東西都長不出來；而由於無數的生物及其活動，使土壤方能滋養地球的綠衣。

土壤會不斷變化，形成一個無始無終的循環。石塊分解，有機物腐化，或氮氣及其他氣體由雨水帶到地面等都成為新的材料，不斷地添進土壤中，同時，其他物質也不斷被帶走，暫借給生物利用。微妙而極重要的化學變化一直在進行，將取自空氣和水的元素轉變為適合植物利用的形式。所有這些，都是經由生物達成的。

在土壤黑暗的領域裡，再也沒有比研究其中豐富的生物更令人著迷，但卻最為人所忽略的了。對於土壤與各種生物及世界運作的關係，我們知道得太少了。

或許土壤中最主要的生物是最微小、肉眼看不見的細菌及絲狀真菌。其數量可以說是個天文數字，一茶匙的上層土壤可能含有數十億個細菌。雖然它們的體積微小，但一畝地上層一呎的肥沃土壤所含的細菌總重量，可以高達一千磅。長有線形菌絲的放射菌，數量沒有細菌那麼多，不過由於它們比較大，在同量的土壤中可能也有同等的重量。這兩種生物和稱為「藻類」的小型綠色細胞一起構成土壤裡微小世界中的主要植物成分。

細菌、真菌和藻類是把動植物腐化成礦物質的主要媒介，沒有這些微小的植物，化學元素如碳和氮等，將無法進行從土壤和空氣轉移到活組織的大循環。比如說，沒有固氮細菌的作用，植物儘管為含氮的空氣所包圍，也會因缺氮而死。有些生物會形成二氧化碳，再形成碳酸，有助於溶解岩石。其他土壤中的微生物會進行氧化和還原反應，轉化鐵、錳和硫等礦物質，以供植物使用。

此外，還有數量繁多的微小蝨蚼及稱為彈尾蟲的原始無翅昆蟲，牠們雖細小，但在分解植物殘餘、幫助森林地面物質緩緩化成土壤的過程中，扮演很重要的角色。這些微生物的分工合作，巧妙得令人難以置信。例如：有些種類的蚼只在樅樹針葉落地時才孵化出來。在針葉的遮掩下，牠們吃掉針葉裡面的組織。等到小蚼發育完成時，針葉就只剩下殼而已。每年落葉時節，真正負此重任，將數量龐大的落葉處理掉的，就是土壤和林地裡的小昆蟲，牠們將葉子分解、消化，且將腐化的物質與上層泥土混合起來。

除了這群微小且辛勤工作的生物外，當然還有許多較大的生物；因為土壤供養的生物種類廣泛，從細菌到哺乳動物都有，有些是漆黑、次層泥土的永久蟄居者，有些在地下的洞穴冬眠或在生命週期的某段時間藏於其中，有些則自由來去於潛藏的穴洞及土壤上頭的世界。這些生物生活在土壤中，會促進土壤空氣的流通，有助排水及水分滲入植物的成長層。

土壤裡較大的動物中，最重要的恐怕是蚯蚓了。大約在七十五年前，查理士・達爾文出版一本書叫做《經蟲的作用形成植物狀的真菌，以及對其習性的觀察》首次提到蚯蚓對地質的根本功能，即運送泥土。藉著蚯蚓，地底下的細土被帶至地面而漸漸將岩石蓋住，每年每英畝可達數噸。同時，草和樹葉（在六個月內所含的有機物可多達每平方呎二十磅）被帶入地底下和土壤混合起來，據達爾文估計，蚯蚓在十年間可將一吋厚的泥土增加到一吋半厚。除此之外，蚯蚓在泥土中鑽來鑽去，有助土壤的通氣及排水，以及植物根的伸展。同時，蚯蚓的消化道可分解有機物，排泄物則使土壤肥沃。

所以，土壤的社會裡有一個許多生物交織而成的網，其中的每一份子都有密切關係。生物倚賴土壤，但是唯有土壤裡的生物繁殖，土壤才能成為地球重要的一環。

在這裡所關注的一個問題，是很少人注意的，那就是當毒性化學物質流到土裡，不是直接攙入土中，就是隨著雨水從森林、果園和農田的植物葉片上刷洗下來，對土壤裡無數非常重要的生物有何影響呢？我們能用各種農藥去消滅潛藏在土中對農作物有害的昆蟲幼蟲，而不傷害分解有機物的「益蟲」嗎？或者，我們有可能使用殺菌液而不致殺死生存在樹根，有助於樹木從泥土中吸取養分的菌類嗎？

像土壤生態學這麼重要的一門學問，往往為科學家所忽視，而這方面管理人員更是幾乎完全將之拋在一旁；他們用化學方法防治昆蟲，假定土壤可以耐住毒物的侵害而不會有任何損傷，土壤的性質，就這麼完全遭到漠視。

有幾個研究已慢慢顯出殺蟲劑對土壤的影響。這些研究的結果不一，這倒不奇怪，畢竟土壤的種類差異很大，對某一種土造成大害的農藥，可能對另一種土全無影響，輕質砂土遠比腐植土容易受害，而數種農藥混合的殺傷力又比單一藥物來得嚴重。雖然後果差異很大，但已有足夠的證據讓科學家憂心。

在某些情況下，生物界重要的化學轉換過程會受到影響。一個例子是，使大氣中的氮氣能為植物使用的硝化作用，便會因為除草劑2,4-D的影響而暫時中斷。最近在佛羅里達州做的實驗中，發現飛布達（heptachlor）、靈丹（lindane）和六氯化苯在短短兩個星期時間內可以減少土壤的硝化作用。BHC和DDT在經過一年後仍對土壤有很大的傷害力。在另一項實驗中，六氯化苯、阿特靈、靈丹、飛布達和DDD都會阻止固氮細菌在豆科植物的根部形成必要的根瘤。真菌和高等植物根部之間的共生關係，就這麼嚴重地被阻斷了。

有時，問題是出於大自然中各生物的微妙平衡遭到破壞。如果某些生物被殺蟲劑殺死，其他種類的生物數量可能就會大幅增加，因而破壞了捕食者和獵物之間的關係。這種變化很容易改變土壤的代謝活動和生產力。同時，本來生長繁殖受到抑制的有害生物，會逃離環境的控制機制而造成蟲害。

有關殺蟲劑對土壤影響的其中一個要件，是其可長期留存在土壤裡，不是以月計算而是數年。阿特靈在四年後仍能在泥土中找到殘餘，或者轉變為地特靈。用來撲殺白蟻的托殺芬，在經過十年後仍然能大量存留於砂土中。BHC可以存留至少十一年之久，飛布達起碼有九年，而克靈丹在使用十二年後，仍存有原含量的百分之十五。

看起來劑量似乎算是適量的殺蟲劑，經過幾年後，可以在泥土中累積到驚人的程度。由於氯化碳氫化合物很耐久，每一次施加的藥量就等於和上一次的相加。如果再三噴灑DDT，舊觀念「一磅DDT對一畝地不會有害」的說法是沒有意義的。栽種馬鈴薯的土被發現每畝含有十五磅的DDT，玉米田有十九磅，有一座莓園還多到每畝三十四點五磅。蘋果園的土壤似乎已達到汙染的最高點，其DDT累積的速度，和每年噴灑的頻率成正比。甚至在同一季噴過三或四遍後，果園的DDT殘餘可以累積到三十到五十磅，若經年再三噴灑，樹與樹間的區域是每畝二十六到六十磅，樹下則高達一百一十三磅。

含砷藥物更是一個讓土壤永遠染有毒性的例子。雖然自四〇年代開始，菸草田已不再噴灑含砷農業，而改用人工合成的有機農藥，但美國自產菸草的香煙，在一九三二到一九五二年間的含砷量卻增加了三百倍；其後檢驗又增加到六百倍。砷毒專家沙特利博士（Henry S. Satterlee）說：「雖然含砷農藥已廣為有機合成的農藥所取代，菸草仍然不斷吸取舊有的農藥，因為菸草田的土壤現在已充滿質量重、非水溶性的砷酸鉛殘留，而砷酸鉛將會繼續釋出水性的鉛。」根據沙特列博士所言，菸草田的大部分土壤，已受到「經年累積下來，幾近永久的毒害」。地中海以東的國家，菸農種菸草不用含砷農藥，含砷量就未增加。

因此，我們又面臨到第二個問題：我們得關心的不只是土壤，還有究竟有多少毒物從土壤被植物吸收到組織中？這多半視土壤種類、農作物及農藥的性質與濃度而定。含高有機物質的土壤，釋出的毒性較低。葫蘿蔔吸收的農藥則比其他作物來的高，若是恰好使用的是靈丹（lindane）這種農藥，葫蘿蔔內甚至會累積比土壤中更高比例的藥量。未來或許有必要在種植作物前，先分析土壤的農藥含量。否則，就算不灑農藥，也可能農作物光自土壤中吸取農藥，吸收到的藥物量便高到無法在市場上銷售。

這種汙染，已產生無數的問題，至少有一家名牌嬰兒食品廠拒購任何曾用過農藥的水果或蔬菜。造成最大問題的是六氯化苯（benzene hexachloride，簡稱BHC），因其經由植物的根部及塊莖吸收，使植物有一種發霉味，容易讓人察覺。在加州，從兩年前用過六氯化苯的田地生產的甜薯，就因含這種六氯化苯的殘餘而為上述公司拒絕購買。有一年，該公司和南卡羅萊納州某農場訂立合約購買甜薯；後來由於發現有高比例的甜薯受到汙染，這家公司不得不改向市場購買，財務上蒙受奇大的損失。此外，在數年間有好幾州的水果及蔬菜慘遭廢棄，最嚴重的當屬花生。在南部數州，農人通常輪流耕種花生和棉花，而六氯化苯廣為用來噴灑棉花。接下來種植的花生就從土壤吸取高量的六氯化苯。事實上，只要一點點的六氯化苯殘餘，就會產生上述難以去除的霉味。就算加工，也無法把霉味去掉，而且往往反而使霉味更重。廠商的唯一辦法，就是放棄所有在六氯化苯的田地上生產的花生。

有時，農藥會直接對農作物造成傷害，只要農藥在土壤中存留，這種傷害就會繼續。有些農藥對較脆弱的作物有害，像豆子、小麥、大麥和黑麥等，妨礙其根部發育或抑制苗的成長。在華盛頓州和艾達荷州種酒花的農人，就有過這種經驗。在一九五五年春天，許多農民實施一種大規模的計畫來去除草莓根象鼻蟲，因其幼蟲群集中在酒花的根部，經農藥工廠的建議，他們決定採用飛布達。不到一年，噴過飛布達的酒花漸漸枯萎，沒噴過的就沒問題，造成噴過和沒噴過的地方有顯著的不同。農民於是斥資重新種植，但下一年酒花的根部仍舊枯萎，經過了四年，飛布達依舊存在，沒人知道會持續多久，也不知道用什麼方法來改善。聯邦政府的農業局遲至一九五九年才因壓力，宣布不可用飛布達處理種酒花的田地。這時雖馬上收回成命，可惜為時已晚；同時，酒花農已向法院請求補償。

農藥至今仍持續被使用，且累積在土壤中的農藥幾乎無法去除，可以肯定我們正在製造麻煩。一九六〇年，有一群專家在雪城（Syracuse）大學討論土壤的生態學，結論是——使用像化學物質和輻射線等「殺傷力強，我們不甚了解的工具」所造成的後果，最後將會「讓節肢動物接管世界」。

第 6 章

地球的綠衣

有個承包商在工作做完後，
因剩下一些化學藥品，
就把它倒在路邊不准噴灑藥物的林地上。
結果這個社區就失去了
在秋天綻放碧綠與金黃美景的道路。

水、土壤和地球上由植物構成的綠衣，形成供養動植物的世界，雖然現代人很少想到，但若無植物我們就無法生存。植物運用太陽的能量，製造基本的食物供我們享用，但我們對待植物的態度卻非常偏狹。若植物有利用價值，我們就栽種；若為了某種原因不想要它，或僅對其存在感到無所謂，我們就加以破壞。除了數種對人或家畜有毒或妨礙作物生長的植物外，有許多被人標上「銷毀」的標記，僅僅是基於我們偏狹的看法，認為其生長的時間、地點不對。更有許多的破壞只不過是因為它們剛好和不要的植物長在一起。

地球上的植物是生命網（web of life）的一部分，其中有植物與地球、植物與其他植物，及動、植物間緊密且必要的關係。有時我們毫無選擇餘地，不得不打斷這種關係，但是在行動前必須三思，了解到在其它的實地狀況，這種做法可能會導致某些不良的後果。然而，當今如雨後春筍般興盛的「除草業」，卻沒有這種人性思維的考量，在除草藥物的生產上，有的只是節節上漲的銷售數量和不斷擴展的用途。

不經思考、糟蹋環境景物最悲慘的例子，發生在美國西部的山艾樹區，當時人們大舉清除山艾樹，改植牧草——有些實業家實在需要一記當頭棒喝，讓他們知道一些山林景物的歷史和意義，因為這裡動人的景物，是由許多元素交織而成的。它就像一本書一頁頁地呈現在我們眼前，我們讀了便可了解為什麼這塊地是這個樣子，為什麼我們應設法維持它的完整性。然而，那些書頁卻沒有人去讀。

這片長滿山艾樹的土地，是美國西部高地群山間的低坡地，在數百萬年前洛磯山脈大隆起時形成的。其氣候極為惡劣，在漫長的冬天有從山上捲來的暴風雪，為大地覆滿深雪；夏天則甚為炎熱，水稀少，土地乾裂，乾熱的風不斷將樹葉和樹幹的水分吹走。

這片景物形成的過程中，必定經歷環境考驗的階段，讓植物試著去適應這強風暴雨的山地。之前必然有很多演替失敗的例子——最後終於有一群植物因具備生存條件而得以居留下來。山艾樹這種小的灌木能在山區生長，而其灰色的小葉子可以保住水分，不致讓風吹去，所以西部廣大的平原成為山艾樹的天下並非偶然，而是自然界長時間實驗的結果。

和植物一樣，動物也是一起在這片土地上接受考驗而發展出來。其中有二種和山艾樹一樣能完全適應這個環境，一種是奔跑快速而優雅的哺乳動物叉角羚，另一種是鳥類——有「原野的公雞」之稱的山艾松雞。

山艾樹和松雞似乎是天生的一對。松雞的原產地和山艾樹的分布完全一致，若山艾樹分布區縮小，松雞的數量就會減少。在原野中，山艾樹就是松雞的一切。低矮的山艾樹庇護著松雞的窩巢及幼雛；稠密的灌木就成為牠遊蕩歇息的地方，同時山艾樹又是松雞的主食。然而，這種關係是雙向的，雄松雞在求偶季節所作的美妙表演，鬆動山艾樹下的泥土，有助其生長。

叉角羚也同樣適應山艾樹的環境。牠們是平原上主要的動物，當冬天初雪落下，在山上避暑的羚羊便往山下遷移，而山艾樹能供給牠們食物好度過冬天。在冬天其他植物落葉時，山艾樹仍保持常青，其灰綠色的葉子苦澀、芳香，富含蛋白質、脂肪及礦物質等，緊緊地貼在濃密茂盛的樹枝上。儘管冬雪堆積，山艾樹頂仍能露出於雪面，或者能讓叉角羚尖銳的腳蹄抓到。在風吹開的地方，或叉角羚扒開冰雪的地方，松雞也可因此享用到山艾樹。

倚賴山艾樹的還不只這些；黑尾鹿經常吃它，草食性的牲畜在冬天也得仰賴它。羊群在冬天吃的糧草，幾乎清一色仰賴山艾樹，山艾樹每年有半年的時間是羊的主食，其能量價值甚至比苜蓿草還高。

於是在這環境惡劣的高地，紫色的山艾樹林、性野飛快的叉角羚，以及松雞，便形成一套完美平衡的天然系統。然而在許多範圍正迅速增大的區域，人類正企圖改變大自然的方式，藉著改善的名義，土地管理局已著手尋求更多牧地，以滿足牧人無止盡的需求。這裡的牧地，指的是長有牧草而無山艾樹的地方。因此，在這塊大自然覺得適合牧草和山艾樹共居的土地，人們要除掉山艾樹，使牧草地能更繁茂。很少人提到，牧草是否是這一區所能維持的，當然，大自然的答案是否定的，這裡很少下雨，而每年的降雨量並不敷多水分的牧草所需；只適合經年生長在山艾樹叢下的雜草。

然而，拔除山艾樹的計畫已進行了數年。有好幾個政府機構積極參與，工業界也熱心加入，大大宣傳並積極開發產品的市場，不但包括牧草種子，還有各式各樣砍伐、耕耘及播種的機械，噴灑化學物質則是最新投入的戰術。目前，每年有數百萬英畝生長山艾樹的土地受到噴灑。

結果呢？去除山艾樹改種牧草的後果還未成定論，對土地有長期經驗的人則說，山艾樹下或四周的牧草，生長得要比清一色的牧草要好，因為山艾樹可以保持水分。

就算這計畫成功達到其短程目標，整個緊密交織的生物網也已遭破壞。叉角羚和松雞將與山艾樹一起消失；黑尾鹿也一樣受害，而這片地會更為貧瘠，因其所擁有的野生動物遭到毀滅，本來應該受益的牲畜亦不例外；縱使有夏天豐盛的綠草，當嚴冬風雪中羊群仍難免於飢餓，因為山艾樹及其他野生植物已從平原消失了。

這些是一開始就顯而易見的後果；另一個後果，是和人類意圖以一槍奏效的方法對待自然有關：噴灑藥物的同時也消滅掉許多非預定目標的植物。道格拉斯法官（William O. Douglas）在新作《我的荒野：卡達丁之東》中，談到一個可怕的例子，是懷俄明州碧麗傑國家森林公園裡，美國林務局破壞生態的故事。林務局受到牧牛業者的壓力，噴藥去除了數萬英畝的山艾樹林。同時，碧綠、生氣盎然，在蜿蜒的溪流沿岸生長的柳樹，也和山艾樹一樣被消滅。柳林中曾有過麋鹿群居，因為柳樹之於麋鹿，一如山艾樹之於叉角羚；水獺也是以柳樹為食，並利用柳樹做成堅固的水閘，久而久之形成湖泊。鱒魚在山間小溪難得超過六吋長，在這樣的湖中卻可以長到五磅重。此外，水鳥也被吸引而來，光靠柳樹和水獺就使這一區成為釣魚和打獵的渡假勝地。

但是由於林務局的「改善」，柳樹落得和山艾樹一樣的下場，被同一種農藥所殺。當道格拉斯法官在一九五九年到當地時，也是農藥噴灑的那一年，他對枯萎垂死的柳樹大吃一驚，麋鹿會遭到什麼樣的命運？水獺和牠們所造的小世界呢？一年後他回去查看結果：麋鹿和水獺都不見了，水獺的水壩也不見了，因為沒有「建築師」的照顧，湖水也已乾涸。大鱒魚無一倖存，僅存的只是一條小溪，其流經之處盡是裸露的熾熱大地，沒有一株遮陽的樹木留存，沒有生物能活在這種溪流中，這裡的生態系統整個被打得粉碎。

每年有四百萬英畝以上的牧地受到農藥的噴灑。除此之外，已有各式無數的農地也可能或已噴灑農藥，以去除雜草。例如：有一片比整個新英格蘭區更大的五千多萬英畝地，是由幾個公共事業公司所管理，常例行實施「雜草防治」的處理。在美國西南部一塊約七千五百萬英畝的豆科植物種地，最常用化學噴灑的方法來控制雜草。有一非常大的木材生產地，現在都從空中噴灑農藥，以去除耐藥性比針葉樹弱的闊葉樹。用除草劑處理過的農地面積，於一九四九年後的十年中加倍到五千三百萬英畝。而私有草坪、公園，及高爾夫球場的總面積，必定已達到天文數字了。

除草的化學藥劑是一種嶄新的「玩具」，效用驚人，給使用者以為可以控制自然的假象；至於長遠而不甚明顯的影響，則被輕易拋到一邊，視為悲觀者無根據的空想。所謂的「農業技師」更是輕鬆地談到「化學性耕耘」，也就是說鼓勵農民用噴藥鎗取代犁頭。社區的父老們，對農藥推銷員以及承包商言聽計從，只要出個價，承包商就會把路邊的野草除掉。他們吹噓說，這要比割草便宜。或許，在官方記錄上整齊排列的數字看起來是這樣，但若把真正花費算入，不僅是金錢上的耗費，還包括我們現在所能想到的種種，如化學藥品的宣傳、對景物長程的破壞，以及原先那些景物所能得到的利益，則花費要大得多。

比如說：讓每一地區的觀光局引以為傲的收入來源——觀光客，有愈來愈多的觀光客抗議，曾是美麗的路旁風景遭到化學藥品噴灑的破壞，使羊齒類植物、野花、開滿花朵或結滿莓子的灌木叢，被一片焦黃的殘花敗葉所取代。「我們把路旁弄成一副骯髒、焦黃、枯槁的樣子，」一位新英格蘭的婦女憤怒地向報紙投書道：「我們花那麼多錢宣傳風景的美麗，卻讓觀光客看到這種景象。」

在一九六〇年夏天，環境保護人士自各州聚集在一個平靜的緬因小島，親眼目睹小島的主人賓漢（Millicent Todd Bingham）向國家奧杜邦學會*提出報告。當天的重點，是自然景物的維護，以及從微生物至人類之間錯綜複雜的生物網保存。但到場訪客都很憤慨地談論著沿途看到景物被蹂躪的景象。以前通到長青樹林的道路是多麼令人心曠神怡，沿路長滿了月桂、香蕨木、赤楊和越橘，而現在放眼看去盡是焦黃的荒蕪。其中一位人士對這個緬因島之行記述道：「島上路邊景緻的破壞讓我很生氣。幾年前，公路兩旁長滿野花和可愛的灌木，現在放眼盡是死木的殘骸……就經濟觀點來看，緬因州經得起觀光事業的衰敗嗎？」

---

*編按：National Audubon Society，美國歷史悠久且組織較大的棲地保育團體，以鳥類等野生生物為重點。前述的小島為Hog island，自一九三六年起成為奧杜邦的環境教育基地。

這種為消滅路邊矮樹而做的愚蠢行為，全國都在進行，緬因州只是其中一個例子罷了，讓我們這些深愛緬因州美景的人，更覺得悲哀。康乃狄克州植物園的植物學家疾呼道：滅絕美麗的本土灌木與野花，已發展成一個「路旁危機」。杜鵑花、山月桂、越橘、莢迷、山茱萸、楊梅子、鳳尾、扶移、冬青、野櫻及野梅都因化學物質的摧殘而奄奄一息，而使風景幽雅怡人的雛菊、黑眼蘇姍（黃雛菊）、安妮皇后飾帶、秋麒麟及紫苑也遭到同樣的命運。

化學藥品的噴灑不但是計畫不當，且經常遭到濫用。新英格蘭南部一個小鎮有個承包商，在工作做完後剩下一些化學藥品，就倒在路邊不准噴灑藥物的林地上。結果這個社區失去了在秋天綻放碧綠和金黃美景的道路，可惜那紫苑和秋麒麟是值得遠道去欣賞的。在另一個新英格蘭社區，有個承包商擅自更改州政府的規定，未經公路管理局同意即以八呎的高度噴灑*路邊植物，而非最高限度的四呎，導致道路兩旁凋零、焦黑的景象。在麻薩諸塞州一個社區，有個市府官員禁不住推銷員鼓吹，買了一批除草劑，卻不知道裡面含有砷；結果造成路邊十二隻牛因砷中毒而死。

在一九五七年，康乃狄格州植物園自然區的樹木嚴重受損，因華特福鎮（Waterford）在路邊噴灑除草劑之故。大型的樹木雖未直接受到噴灑，但也受到影

*編按：以愈高的高度噴灑，愈難控制藥物不噴灑到雜草以外的植物。

響。雖是春天草木豐盛的季節，橡樹的葉子卻開始萎縮變黃，而新枝以不正常的速度往上直冒，看起來像垂柳一樣。半年以後，橡樹的大枝幹已死掉，而小枝幹則光禿禿的沒有葉子，垂柳化（weeping effect）現象依舊。

我知道有一條路，大自然沿著路邊種了一整排赤楊、莢迷、鳳尾及杜松，四季有明艷的花朵交替開放，在秋天更是果實纍纍。道路交通流量不大，急轉彎或有樹木擋住視線的交叉路口也很少。然而，自噴灑藥物的人接管一切後，路旁景觀便大為改觀，開車的人得感覺麻木，才能忍受這片不毛之地。但有些地方卻成為當局的漏網之魚，一處處像綠洲落於貧瘠荒涼之間，使後者更令人難以忍受。

我的情緒，在見到飄浮的白丁香，紫雲般的野豌豆，或火燄般怒放的木百合，就會高昂起來。但對以銷售或施用化學藥品維生的人來說，這些植物都是「雜草」。控制雜草的機構現在已經很平常，我在這類雜草控制機構的會議記錄中看到一段很不尋常的除草哲理。作者為除草機構辯護道：「那些雜草沒有用處。」他認為抱怨路邊野花遭到鏟除的人，和反對活體解剖的人沒什麼兩樣：「從他們的行為來看，野狗的生命對他們而言比小孩的性命重要。」

對這篇文章的作者來說，我們毫無疑問都有這種個性嚴重偏頗的嫌疑，因為我們偏愛看白丁香、野豌豆和木百合纖細而短暫的美麗，而不愛看路邊如火燒過般焦黃易脆的灌木，垂立的羊齒變成乾萎低垂的殘跡。要是我們能忍受這種「雜草」，拔除雜草不感快樂，對人類再次戰勝「邪惡」的大自然竟然不雀躍歡欣就是可悲的軟弱。

道格拉斯法官說：他曾參加一個聯邦政府農業人員的會議，討論我在本章前面提到人民抗議噴藥消除山艾樹的事。有個老太太反對的原因是，野花也會被除掉，對此那些人覺得很可笑。「不過，她採花的權利，豈不是像牧人割草或樵夫砍樹一樣不可剝奪嗎？」這位富有人道又深有見解的法學家就對他們說：「山野在美學上的價值，就像丘陵中的銅礦、金礦和山中的森林，都是天賦的資產。」

當然，想要保存路旁植物，為的不只是美學上的考量。在大自然的規劃下，天然植物有其重要地位。沿著鄉間小徑及田疇間的樹籬，不僅提供食物、庇護與築巢的地方給鳥類，也是小動物的家；東部各州路邊典型的七十幾種灌木及蔓藤植物中，大約有六十五種對野生動物非常重要。

這些植物同時也是野蜂與其他採花粉的昆蟲居住的地方。人類依賴這些授粉昆蟲的程度，是一般人料想不到的。甚至農夫自己也不了解野生植物得仰賴昆蟲授粉。為農作物授粉的野蜂有數百種，光是為豆科植物授粉的就有一百種。在未開墾地區，若無昆蟲授粉，大部分保持土壤及供給土壤養分的植物就會死掉，對整個地區的生態便會產生重大影響。許多牧場或森林中的野草、灌木及樹木的繁殖，也都仰賴昆蟲傳粉；沒有這些植物，野生動物和牧場家畜就沒食物可吃。目前，在耕地使用殺蟲劑以及除草劑，正在消滅這些傳授花粉的昆蟲最後的庇護，同時也斬斷了生物之間互相維繫的經緯線。

這些昆蟲對我們的農業和風景是這麼重要，值得我們呵護，而不是無情地破壞牠們生存的環境。蜜蜂和野蜂深深倚賴「野草」如秋麒麟、芥子及蒲公英等的花粉，作為小蜂的食物。在豆科植物開花前，野豌豆是蜂類春季的主食，幫牠們度過整個季節，好準備為豆科植物傳授花粉。在秋天沒有其他食物時，牠們需要秋麒麟來準備過冬。循著大自然微妙的時間表，在柳樹花開的那一天，一種野蜂就會出現。知道這種情形的人不少，但是那些下令用化學藥品大規模噴灑的人卻不知道。

那麼，了解保護生態的價值、維護野生生物的人，又在哪裡呢？這些人中，有很多人以為除草劑毒性沒有殺蟲劑那麼強，對野生生物「無害」而為其辯護。然而，在除草劑如雨般降落在森林、農田、沼澤和牧場時，野生生物的居住環境也受到了顯著的變化，甚至永久的破壞。摧毀野生生物的家和食物，就長遠來看，恐怕比直接殺害野生生物更糟糕。

對路邊花木與公路沿線進行全面化學藥物噴灑，有兩個層面的諷刺意義。經驗告訴我們，地毯式噴用除草劑無法永久消除路邊雜草，因此每年都需再三噴灑，形成惡性循環。另一個更大的諷刺是，明知道有更好的方法叫做「選擇性」噴灑，可以長期控制植物生長，也不須再三噴灑植物，但我們還是一意孤行。

控制路邊花木的目的，並不是要清除野草外的所有植物，而是要去除阻擋開車視線，或干擾電線的植物。這種植物通常是樹木，因為大部分灌木都很矮，不會造成阻礙，羊齒類及野花當然也一樣。

選擇性噴灑是法蘭克．伊格勒博士（Frank Egler）發展出來的，那時他是美國自然博物館灌木控制建議組的組長。這種方法是利用大自然維持穩定的特質，即大部分矮灌木生長區不易為樹木所取代。比較起來，草地就較易被樹苗占領。選擇性噴灑的目的，並不是要讓路邊成為草地，而是去除高大的喬木，但保留其他種類的植物。如此一來，噴灑一次就夠了，就算抗藥性較強的品種，也許只須再噴一次。之後，矮灌木就會接管整個地區，使大樹無法再長。最好最便宜的植物管制辦法，不是化學藥品，而是用植物來剋植物。

這種方法已在美東幾個地區試驗過，結果顯示，只要處理得當，讓植物生長穩定下來，則「二十年內可以不再需要噴灑藥物」。噴灑時通常可用背包式噴射器，由人徒步噴藥，因此對藥品噴灑範圍有充分的控制。有時可用裝有壓氣式幫浦及藥品的卡車來實施噴灑，但不是行地毯式噴灑，而是直接針對必須去除的樹木及長得特別高的灌木。如此環境的完整性得以保持，有重大價值的野生生物棲息地不致受損，而美麗的灌木、羊齒植物及野花也不致被犧牲掉。

這種選擇性噴灑的管理方式，已在幾個地方開始實施，然而大部分地區仍是積習難改，地毯式噴灑依舊盛行，每年造成付稅人龐大的負擔，也對生物網造成傷害。之所以如此，當然是因為沒有人知道真相。若讓大家知道噴灑市鎮街道的帳單應是二十年來一次，而非一年一次，他們就會起來要求改變方法了。

選擇性噴灑有許多優點，其中一個就是減少噴藥的量。化學藥品不是廣泛噴灑，而是集中在樹木基部，所以能將對野生生物的傷害減到最小。

最常用的除草劑是2,4-D與2,4,5-T及相關的藥品。這些藥品是否有毒，仍有爭議，用2,4-D噴灑草坪而被藥品弄濕的人，有的會得嚴重的神經炎，甚至癱瘓。雖然並不是很常見，但醫學界人士建議使用時最好小心一點。其他不是很明顯的後遺症，亦與

2,4-D有關。有人曾作實驗顯示，2,4-D會阻礙細胞呼吸作用的基本生理程序，並有類似X光的效果，損害染色體。近來更有人發現，這幾種及其他除草劑，以比致死量低很多的劑量，便能傷害鳥類的繁殖力。

除草劑除了直接的毒害外，還有間接的後果。有人發現野生的草食動物及家畜，有時會受噴過藥的植物所吸引，縱使那不是牠們天然的食物；假使所用的除草劑毒性很強，如含砷藥物，那麼這種吸引力將會有致命的後果。此外，就算所用的藥物毒性不高，但是若植物本身有毒，或者帶有芒刺，也會導致同樣的結果。例如：有毒的牧場雜草在噴藥之後，會突然間大受牲畜的喜愛；很多動物便因這種不自然的食慾而死。獸醫學的文獻當中，就有許多類似的例子，如豬吃了噴過藥的牛蒡草便得重病；小羊吃了噴過藥的薊，或蜜蜂沾了開花後才噴藥的芥子花，都同樣中毒。野櫻桃的葉子具有劇毒，不過在噴過2,4-D之後，對牛群會有致命的吸引力，因噴藥而凋萎的植物也是如此。另一個例子是豕草；家畜通常不吃這種植物，除非在冬末沒其他東西吃的時候。然而，經過2,4-D噴灑之後，卻大受動物的喜愛。

這種怪異行為，顯然是因為化學藥物改變植物本身的代謝，使植物糖分大為提高，而吸引動物前來食用。

2,4-D另一個奇怪的後果，對家畜、野生生物、甚至人類，都有重大影響。十年前有一個實驗顯示，噴藥之後，玉米和甜菜的硝酸鹽成分突然增加；在蘆粟、向日葵、紫鴨跖草、藜和細葉蓼上也可能有同樣的情形。這些草牛群通常是不愛吃的，但噴過2,4-D後就吃得津津有味。據農業專家表示：有些牛隻死亡可能是吃了噴過藥的雜草，其危險性在於硝酸鹽成分一增高，對反芻動物獨特的生理便會構成嚴重的問題。這類動物的消化系統特別複雜，包括一個含四個室的胃。纖維素的消化是在其中一室由一種叫瘤胃細菌的微生物所完成。當動物吃進硝酸鹽含量高的植物後，瘤胃細菌便將硝酸鹽轉變為毒性很高的亞硝酸鹽。之後，便產生一系列的連鎖反應，亞硝酸鹽使血色素形成一種暗棕色物質，牢牢地把氧分子吸住，而不能用於呼吸作用，因此氧分子無法從肺部進到身體組織。一旦缺氧數小時，動物就會死亡。動物因吃了處理過2,4-D的雜草而死的案例有許多種，在此均有合理的解釋。屬於反芻動物的野生動物，也有同樣的危險，諸如鹿、羚羊、綿羊及山羊等。

雖然引起硝酸鹽成分增加的因素很多（像特別乾燥的天氣），但銷售額及使用量不斷上升的2,4-D所產生的後果，也不容忽視。威斯康辛大學農業實驗所鑑於事態嚴重，遂於一九五七年提出警告：「被2,4-D消滅的植物可能有高含量的硝酸鹽」。不僅對人類和動物均有害，也是最近「地下室死亡」事件神祕增加的原因。含大量硝酸鹽的玉米、燕麥或蘆粟儲藏在地下室時，會放出有毒的氧化氮氣，對進入地下室的人構成致命危害。只要吸幾口這種毒氣便會引起化學性肺炎。明尼蘇達大學醫學院曾對這種病例作過一系列的研究，其中只有一個人倖免一死。

我們就是這樣使用殺蟲劑，荷蘭科學家白吉爾博士（C. J. Briejer），以少見的睿智結論道：「我們在自然界行走，就像大象在擺滿瓷器的櫥子裡走路一樣。依我的看法，我們把太多事情視為理所當然。農作物中的雜草不一定有害，也許其中一些是有益的。」

很少人問過，雜草和土壤有怎麼樣的關係？從我們偏狹且以自利為主的觀點來看，也許這種關係是有益的。如我們所知，土壤與藉之為生的生物有休戚與共、互利的關係。若野草從土壤中汲取營養，也許它也給了土壤某些養分。荷蘭某個城市的公園，就是個活生生的例子。那裡玫瑰本來長得很不好，土壤樣本顯示裡面有線蟲；荷蘭植物保護局的科學家不願採用化學物質，反建議在玫瑰之間種植金盞草。對玫瑰園有潔癖的人，一定會認定這種草是野草，但它們的根部會釋出能殺死線蟲的物質。這建議獲得採納，在某些玫瑰花圃中種上金盞草，另一部分則不種以作為對照組。結果差距懸殊。種有金盞草的玫瑰花長得很茂盛，控制組的則凋殘枝弱。現在很多地方都用金盞草來對抗線蟲。

同樣地，其他被我們殘忍地滅除的植物，也許對土壤的健康有必要的功能，只是我們不知道而已。天然植物的一個功能是當作土壤狀況的指標，但現在幾乎都被冠上「雜草」，而帶來另一個新的問題，形成惡性循環。最近一期專門討論農作物問題的雜誌就體認到這奇怪的情形：「由於大家普遍用2,4-D來清除闊葉雜草，其他雜草長得愈來愈茂盛，漸漸影響玉米和大豆的生產。」

豕草是枯草熱的病源，也是一個控制自然導致反效果的實例。某地的路邊曾噴灑過好幾千加侖的化學藥品。為的是消除豕草。不幸的是，地毯式噴灑反而使更多豕草長出來。原來豕草是一年生植物，幼苗在每一年都需要廣大空間才能成長。因此，最好的辦法是保持濃密的灌木、羊齒植物及其他多年生植物，使豕草無處容身。但是藥物噴灑往往除掉這類有保護作用的植物，形成開闊空曠的地區，讓豕草迅速填滿。此外，空氣中豕草的花粉量有可能不是從路邊而來，而是從市鎮空地或休耕地飄來的。

用來清除馬唐草的化學藥品，愈來愈暢銷，這也是方法不當卻大受歡迎的實例。要清除馬唐草，有比年復一年噴灑藥物更好更便宜的方法，也就是種另一種青草與它競爭，使之不敵而無法存活。馬唐草只有在長得不好的草坪上才會生長，是草坪的病癥，卻非病源。若有肥沃的泥土，讓所培植的青草有好的生長環境，就能阻礙馬唐草生長，因它需要空間才能從種子中生長出來。

住在郊區的人，接受樹苗商的建議，而後者又接受化學公司的建議，結果每年用在清除草坪上的馬唐草的化學品量多得驚人，但卻不從根本的問題著手。從商標看不出這些化學藥品的性質，但其中往往含有水銀、砷及克羅丹等毒素。按使用說明的劑量來用的話，草坪上就會留有相當多的化學物質。例如：若按某產品的標示使用，就等於一英畝地用上六十磅的克羅丹。如果用另一種產品，就是每英畝地用上一百七十五磅的金屬砷。我們在第八章將會討論到，鳥類因這些藥物而死亡的數量很令人憂心。至於這些草地對人類有無致命的危險，沒有人知道。

用在管制路旁花木的選擇性噴灑法，已大為成功；像這種運用生態學原理的方法，也許可以用在農場、森林及牧場植物的控制計畫上，使其目標不是要滅除某一特別種類的植物，而是把植物當作一個活生生的社區來管理。

另外，運用生物學來防治不要的植物生長，已有輝煌的成績。大自然曾見過我們現在有的問題，而它也用自己有效的方法去解決。如果人類能聰明到去觀察、模仿大自然，就能得到成功的報酬。

一個防治植物的頂尖案例，是加州處理卡馬士雜草（Klamath weed）的方法。這種草又叫做山羊草，來自歐洲，在那裡叫做聖瓊史瓦草（St. Johnswort），是由西遷的移民帶來的，在美國最早是於一七九三年出現在賓州的蘭加士達（Lancastor）。到了一九〇〇年已來到加州卡馬士湖附近，因此當地的人稱之為卡馬士草。一九二九年時，它已占據了約十萬英畝的牧地；到了一九五二年，則已侵占了二百五十多萬英畝地。卡馬士草和土生土長的山艾樹不一樣，對當地的生態毫無用處，也非任何動物或植物所需要的。相反地，有它在的地方，家畜就會變得「髒髒的，嘴裡長瘡，要死不活的樣子」；那是因為吃了這種有毒植物的緣故。所以土地價值也跟著降低。

在歐洲，卡馬士草或聖瓊史瓦草並不成問題，因為還有其他昆蟲把它當做食物，而大大限制了它的擴展。特別是法國南部有兩種甲蟲，和豆子一般大小，金屬色，非常倚賴卡馬士草，乃至於只以卡馬士草為食，並在其上繁殖。

在一九四四年，有人率先把這種甲蟲引進美國，這可說是歷史上的重大事件，因為是北美第一次運用吃植物的昆蟲來防治植物。到一九四八年，兩種甲蟲都適應得很好，不需再從歐洲引進來。散播甲蟲的方法是，先從產地收集甲蟲，然後以每年數百萬隻的速度分配到其他地區。在範圍小的地方，甲蟲會自行擴散，只要卡馬士草一死，就立刻移往另一區；這時人們需要的牧草就會長回來，不再受卡馬士草的壓迫。

根據一九五九年所做的十年追蹤調查顯示，防治卡馬士草的方法「比熱心推廣人士所希望得更有效」，其數量減至原先的百分之一。這一點點的卡馬士草並沒有什麼害處，而且還是維持甲蟲數量所必須的，以備日後卡馬士草再度繁衍之用。

另一個效果輝煌、所費不高的雜草防治實例，發生在澳洲。前往殖民地的人，通常都喜歡帶植物或動物到新的地方。有一個名叫亞瑟．菲利浦（Arthur Phillip）的船長，就帶了幾種仙人掌到澳洲，時約一七八七年，目的是用來培養胭脂蟲以作染料。到了一九二五年，約有二十種仙人掌在野地中出現。由於大自然在澳洲沒有控制仙人掌的辦法，它們蔓延得很快，最後占據了大約六千萬英畝的地，其中有一半以上因為仙人掌長得太過濃密而使得土地毫無用處。

在一九二〇年，澳洲的昆蟲學家被派到南、北美洲去研究仙人掌在天然生長地的天敵。在試了幾種昆蟲之後，將三十億個阿根廷蛾卵於一九三〇年在澳洲釋放；七年之後，最後一片仙人掌林終於瓦解，曾被視為不適居住的地方，已開放供人居住和放牧，整個計畫一英畝平均用不到一便士。相反地，早些時用化學藥品每英畝卻大約花了十英磅。

從這兩個例子可以看出，管制不要的植物最有效的辦法，是多利用吃植物的昆蟲。牧場的管理大多漠視這個辦法，但是這些昆蟲也許是所有草食動物中最有選擇性的，而高度抑制牠們的飲食，很容易應用於管制植物。

第 7 章

無謂的破壞

科學家如此形容垂死的草地鷚：
「雖然失去肌肉的協調能力，
不能飛也不能站起來，
他還是不斷拍翅，捏緊腳爪，
嘴巴張開吃力地喘氣。」
如此摧殘生物，我們若還能保持緘默的話，
能不感到慚愧嗎？

隨著人類不斷朝征服自然的目標邁進，同時也寫下了一段破壞大自然，令人憂心忡忡的記錄。我們不但破壞所居住的地球，也破壞和我們同居的生物。近幾百年的歷史中，已有一些黑暗的記述：西部平原的野牛大屠殺、鳥販屠殺水鳥，以及因羽毛而幾乎絕種的白鷺。目前，在這些記錄上，我們又添上新的記錄，一種新的破壞——將化學性殺蟲劑毫無選擇性地噴灑在地上，直接殺害鳥類、哺乳類、魚類，以及所有的野生生物。

目前導引我們命運的，是有噴霧槍的人最大。在他們執行撲滅昆蟲的任務時，偶然的犧牲不算什麼；如果知更鳥、雉雞、浣熊、貓或甚至家畜等動物，因正好和所欲消滅的昆蟲住在一起，也跟著被殺蟲劑毒死，任何人都不得抗議。

若要公正評估損失野生生物的問題，就會面臨難題；環境保護人士及野生動物研究學家堅稱損失慘重，但是昆蟲防治機構卻斷然否認有這種事情，就算有也不重要。我們應該接受哪一種意見？

目睹現況者本身的可信度最為重要。在現場親自調查的專業野生生物學家當然是最有資格發現生物傷亡並剖析原因的人。昆蟲學家在這方面的專業訓練有所不足，而且也不是那麼容易看到自己昆蟲防治計畫的副作用。然而，堅決否認生物學家的報告，宣稱無證據顯示野生生物受到傷害的，都是州政府與聯邦政府等握有大權的人；當然，還有化學藥品的廠商，就像聖經故事中的祭師與利未人，他們選擇從旁經過，什麼都看不見。就算他們否認現實是由於短視或利害關係，我們也不必把他們當作有資格的見證人。

自己作判斷最好的方法，便是仔細省察幾個重要的防治計畫，詢問熟悉野生生物的人，以客觀、不偏向化學藥品的態度，看看毒霧從天空降至野生生物世界後發生了什麼事。

對賞鳥的人，或住在郊區、喜歡鳥在花園裡飛翔的人、獵人、漁夫，以及從事野外探險的人來說，任何破壞野生生物的行為，就算僅只一年，就剝奪了他們享樂的權利，這是個名正言順的觀點。即使有時在噴灑藥物後，有的鳥類、哺乳類和魚類的數量可以回復，但是牠們已受到重大的傷害。

然而，這樣的回復不大可能發生。藥物通常會重複噴灑，野生生物族群能逐漸回復的機會並不多。最常發生的結果是環境受到汙染，形成一個致命的陷阱，不只危害當地的野生生物，隨季節遷移的動物也會遭殃。噴灑的範圍愈大，傷害就愈大，因為無安全的綠洲倖存。在這幾年中，昆蟲防治計畫到處充斥，噴灑的範圍動輒數千或數百萬英畝，同時私人或社區噴灑藥物的分量也逐年不斷增加，使野生生物棲息區及傷亡數一直遞增。讓我們看看幾個昆蟲防治計畫，瞧瞧發生了什麼事。

在一九五九年秋天，密西根州的東南部，包括底特律附近幾個郊區，有近兩萬七千英畝的地是於空中進行藥物噴灑，而所噴灑的是氯化碳氫化合物中最危險的阿特靈。這計畫是由密西根州農業局施行的，並有美國農業局的協助，目的是要控制日本甲蟲。然而，這種規模浩大又危險的計畫，一點也不必要；相反地，密西根州最著名、知識最豐富的自然學家瓦特．P．尼克爾（Walter P. Nickell），以他每年夏天在密西根州南部從事田野研究的經驗，提出：「三十多年來，就我所知，一直都有少量的日本甲蟲出現在底特律，牠們的數量在這段時間並未增加多少。除了政府在底特律設陷阱捕到的幾隻外，我（在一九五九年）還未看到一隻……他們把每一件事都當做機密，我還找不到任何資料顯示日本甲蟲數量增加的事。」

州政府公布的消息中，僅指出日本甲蟲已「出現」在指定要實施噴灑的地區。儘管沒有很好的理由，計畫還是實行了，由州政府出人力並監督整個計畫的執行，聯邦政府出裝備及額外的人手，各社區則負責殺蟲劑的費用。

日本甲蟲於一九一六年在紐澤西州發現，當時有人在利華頓（Riverton）附近一家苗圃看到幾隻閃著綠金屬亮光的甲蟲，起初沒有人知道是什麼昆蟲，後來才經鑑定知道是屬於日本幾個主要島嶼的品種。牠們顯然是隨著樹苗被引進美國的。

在一九一二年法規訂定前，日本甲蟲已從最初進入美國的地點，廣泛散布於密西西比河東部數州，因為溫度和雨量都很適合生存。這些甲蟲通常會逐年不斷往外擴展。在東部最早有日本甲蟲的幾個州，就曾企圖以天然方式來防治，而據記錄顯示，甲蟲數量也一直都維持在很低的程度。

東部各州雖有這種相當不錯的防治記錄，處於日本甲蟲範圍邊緣的中西部各州，卻已發動攻擊，規模似乎是在對付死敵，大肆噴灑，使廣大民眾、家畜及所有的野生生物都蒙受其害。結果，這些日本甲蟲防治計畫對該地生物造成驚人的傷害。在密西根、肯塔基、愛荷華、印地安納、伊利諾及密蘇里等州，都在防治甲蟲的名義下，蒙受化學雨的侵襲。

密西根州的噴灑計畫，是首次為對付日本甲蟲而大規模從空中實施藥物噴灑。之所以選用最致命的阿特靈，並非因為對日本甲蟲最有效，而只是為了省錢——阿特靈是市場中最便宜的化學物質。雖然在州政府發布給新聞媒體的官方文件中承認阿特靈是「毒藥」，但也暗示在人口密度高的地區噴灑阿特靈對人不會有害。（對於像「我該採取什麼預防措施？」這樣的問題，官方的回答是：「對你，什麼也不需要做。」）據當地報紙報導，聯邦航空處有位官員說：「這計畫很安全。」底特律公園與休閒區管理局有位代表也保證說：「噴霧對人無害，也不會傷害植物或寵物。」可以想見，這些官員沒有一個曾參考過已出版且容易取得的資料，包括美國公共衛生局、魚類與野生生物管理局的報告，以及其他揭示阿特靈劇毒的證據。

根據密西根蟲害防治法的規定，州政府不須通知房主或得到他們的許可，即可就地噴灑；因此小飛機開始在底特律上空飛翔。市政府及聯邦航空局馬上就接到焦急的市民打來的電話，在一個小時接到八百通電話之後，警察局請廣播電臺、電視臺及報社「告訴大家他們看到的是什麼？並告訴他們那是安全的。」這是底特律日報的報導，聯邦航空局的安全官還向大眾保證說：「飛機都受到嚴格的監督」，以及「飛機低空飛行是受到許可的。」為了平息人們的驚恐，他卻錯誤地表示飛機有緊急活門，必要時可以立刻把機上的藥物全數扔掉。遺憾的是，飛機並沒有這麼做，而是正常作業，把殺蟲劑拋在日本甲蟲與人類身上，「無害」的毒藥，如雨般降落在出門購物或上班的人，以及從學校出來吃中飯的小孩身上。家庭主婦忙著掃門廊和走道上的小顆粒，「看起來像雪一樣。」據後來密西根奥杜邦協會指出：「這種阿特靈與粘土構成的白色顆粒，如針頭一般大小，有數百萬之數停留在屋頂瓦溝間、屋簷的引水槽內、樹皮和樹枝的裂縫中……如果下雪或下雨，每一堆粉粒都會成為致命的毒劑。」

噴灑之後沒幾天，底特律奧杜邦協會開始接到有關鳥類死亡的電話。據協會的祕書安．波依（Ann Boyes）女士表示：「人們擔心藥物噴灑的跡象，最先是由一通電話顯示出來。這通電話是一位婦女在星期天早上打來的，她說從教堂回家的路上，她看到許多已死或奄奄一息的鳥，令她擔心。那地區是在星期四實施噴灑的，她說飛鳥都不見了，而且還在後院發現一打以上的死鳥，而她的鄰居也發現有些松鼠死掉。」那天波依女士還接到其他電話說：「有許許多多的死鳥，看不到一隻活的……備有餵鳥槽的人說，沒有鳥來吃鳥食。」人們把瀕臨死亡的鳥撿來觀察，發現都有典型殺蟲劑中毒的症狀──顫抖、無力飛翔、癱瘓，以及痙攣。

馬上受到影響的，不僅僅是鳥類，當地有位獸醫說：許多人把突然生病的貓、狗帶來給他看，特別愛清理皮毛、舔拭腳爪的貓，似乎受害最重。牠們的症狀有嚴重腹瀉、嘔吐以及痙攣。獸醫唯一能給的忠告，就是非不得已不要讓動物出去，或者牠們從外面回來要立刻清洗牠們的腳。（然而氯化碳氫化合物用水是洗不掉的，甚至蔬果也是一樣，所以清洗並沒什麼預防作用。）

各縣市的衛生官員一直堅持，鳥兒死亡必然是因「其他種藥物噴灑」之故，且在接觸到阿特靈之後感到喉嚨及胸部不舒服，必然是「其他原因」所致。儘管如此，各地區的衛生局仍接到源源不斷的申訴。底特律一位著名的內科醫生就看過四名病人，他們在觀看飛機實施噴灑後不到一個小時就得去看醫生，症狀都很類似：噁心、嘔吐、發冷、發熱、極度疲倦，以及咳嗽。

曾用化學藥品撲滅日本甲蟲的其他地區，也都有和底特律一樣的情形發生。在伊利諾丹的藍島（Blue Island），有幾百隻鳥不是死了就是氣息奄奄。資料顯示，有百分之八十的鳥被犧牲掉。在伊利諾州的佐利（Joliet），曾於一九五九年用飛布達噴灑過二千多畝的土地。據當地獵手俱樂部的報告，這片土地的鳥，「被消滅得一乾二淨。」兔子、麝香鼠及魚類也死了不少，有一所學校的科學研究計畫，就是收集被殺蟲劑毒死的鳥。

為了消滅甲蟲而受苦的，可能沒有別的地方比得上伊利諾東部的紹頓（Sheldon）及鄰近的地區。在一九五四年，美國農業局及伊利諾農業局開始沿著日本甲蟲入侵的地區，展開消滅牠們的計畫，希望全力噴灑藥物能滅除所有甲蟲。第一次實施「撲滅」計畫那一年，是由空中用阿特靈噴灑一千四百英畝地。在一九五五年又用類似方法噴灑了兩千六百英畝地。人們以為這工作便告結束，然而需要噴灑的地方卻愈來愈多，到了一九六一年底，就有十三萬一千英畝地受到噴灑。早在計畫實施第一年，野生生物和家畜就有明顯的嚴重死傷。儘管如此，計畫仍照常進行，既未與美國魚類及野生動物管理處協商，也未向伊利諾州狩獵管理處諮詢。（不過在一九六〇年春天，聯邦農業局卻在參議院前反對這種需要事先諮詢的法令。他們宣稱此舉沒有必要，因為這種合作商量本來就是「常有的事」，他們想不出有何情況計畫不是在完全合作下完成的。同時，他們卻明白說出不願和州政府的魚類與狩獵管理處商量的意願。）

雖然化學藥物防治計畫的經費向來源源不絕，伊利諾州自然生物調查局欲調查野生生物損害情形，卻是經費拮据。在一九五四年，雇用野外調查助理的經費只有區區一千一百美元，而在一九五五年連這筆錢也拿不出來。儘管有這些困難，生物學家依舊全力調查，而發現藥物對野生生物的損害幾乎前所未有——在計畫一開始實施，就有明顯損害的跡象。

不管是使用的藥物，或是噴藥的方式，都造成以昆蟲為食的鳥類無法避免地中毒。早期在紹頓的計畫，阿特靈的使用量是每英畝三磅。要知道阿特靈對鳥類的影響，只須回想，在實驗室以鵪鶉作實驗時，其毒性是DDT的五十倍。因此，噴灑在紹頓田地上的藥，相當於每英畝一百五十磅的DDT，而這還是低估的量，因為有些噴藥範圍是重疊的。

藥品穿透土壤後，中毒的幼蟲便爬出地面，直到死去；這期間就會吸引吃昆蟲的鳥兒去吃。在藥物噴灑後兩個星期，已死或待死的各類昆蟲便到處都是，這對鳥類的影響自然是很清楚易見的，赤腹鶇、八哥、草地鷚、擬椋鳥及雉雞簡直被一掃而空。據生物學家的報告，知更鳥「幾乎全數遭到滅絕」，下雨後地面曾出現許多死蚯蚓，或許知更鳥吃了這些被毒死的蚯蚓。對其他的鳥來說，本來有益處的雨水，已變為破壞萬物的媒介。因有毒物的滲入，在雨後的小水池喝水或洗澡的鳥兒，也就難逃一死；就算倖免一死，也喪失了生殖能力。受噴灑的地區雖仍找得到一些鳥巢，有些裡面還有蛋，但沒有一個有小鳥孵出。

至於哺乳類中的松鼠幾乎全被消滅；死屍的樣子看來就像中毒暴斃一般。噴藥區還看得到死麝香鼠及死兔子。鄉鎮中本來常見的狐松鼠，自噴了藥後就全都不見了。

自撲滅甲蟲的計畫實施之後，紹頓地區的貓也幾乎全數絕跡。在第一季阿特靈噴灑之後，就有百分之九十的貓死掉。這也是可預期的，因為從別的地方噴灑藥物的資料顯示，貓對殺蟲劑極為敏感，特別是地特靈。世界衛生組織在西爪哇實施計畫防治瘧疾時，就曾死了許多貓，在中爪哇也因死的貓太多，而使貓的價格漲了一倍以上。同樣的，世界衛生組織在委內瑞拉噴藥時，就使貓成為當地的稀有動物。

在紹頓，不單是野生生物及寵物因防治昆蟲而被犧牲，家畜也受到影響，這可以從許多羊群及牛群的健康情形看出來。自然生物調查局就有一份報告如此描述：

「這些羊群……從一片在五月六日噴灑過地特靈的田野，沿著一條石徑，被趕到一塊未噴過藥物的翠綠色草原。顯然有些藥物已飄過石徑來到草原，因為羊兒馬上就顯出中毒的症狀……沒有食慾、焦躁、趕不動，幾乎不停地哀叫，頭垂得低低地；最後只好把牠們帶出草原……顯得非常想喝水的樣子。有兩隻羊死在穿過原野的小溪中，其他的羊必須一再地從溪水中趕出來，有幾隻得從水中拖到岸邊。最後又死了三隻，其他的外表看來則已康復。」

這是一九五五年底發生的事情。雖然其後幾年噴灑計畫依舊進行，但調查經費已完全斷絕。研究殺蟲劑對野生生物影響的經費，由自然生物調查局列入年度預算，向伊利諾州政府申請，卻成為最先被刪除的項目；一直到一九六〇年，才有錢雇用一名野外調查的助理，所做的工作卻是四個人的分量。

自一九五五年調查研究中斷以來，野生生物受到的慘痛傷害，沒有多少改變。同時，化學藥品也改用毒性強的阿特靈，對鵪鶉的藥效是DDT的一百到三百倍，到一九六〇年，當地每一種野生生物數量都在遞減。鳥類尤其嚴重，在多諾凡鎮（Donovan），知更鳥已全死光，擬椋鳥、八哥及赤腹鶇也一樣。在其他地方，這些鳥的數量也大幅減少。獵雉雞的人特別能覺察到撲滅甲蟲的影響；在噴藥區的雛鳥數量減少，而每窩雛鳥的數目也下降了。這地方過去是獵雉雞的好去處，現在則因獵不到雞而無人問津。

為撲滅日本甲蟲，愛洛奎郡（Iroquois）有十萬多英畝地曾實施八年多的藥物噴灑計畫，造成無比的禍害，卻只能暫時降低甲蟲數量，牠們還是繼續往西蔓延。這種效果不彰的計畫所造成的損失可能永遠沒有人知道，因為伊州生物學家調查過的地區少之又少。若有充分的經費全面調查，結果將更驚人。但在八年期間，只有六千美元供野外調查之用，而聯邦政府已花了三十七萬五千美元在防治計畫上，同時州政府又額外提供數千美元。花在調查研究的經費，不到防治經費的百分之一。

中西部各州的這些防治計畫，都彷如在危機的情況下進行，好像甲蟲的侵入會帶來重大災難，必須用所有方法來抵禦，這當然扭曲了真相。倘若得忍受化學傷害的大眾知道日本甲蟲在美國早期的歷史，就不會如此緘默了。

東部各州實在很幸運，因為在甲蟲侵入的時候，還沒有人工合成的殺蟲劑；人們不僅未受甲蟲入侵影響，反而能控制其數量，且所用的方法對其他生物完全無害。相對於底特律或紹頓那種情形實在是有天壤之別，他們的方法，是運用自然界的各種控制力量，具有效果持久且對環境無害的多重優點。

在甲蟲進入美國最初的十多年，數量增加迅速，沒有天敵克制其增殖速度。到了一九四五年，牠們在許多地區已成為危害不甚重大的害蟲，後來數量減少，主要歸功於自遠東引進寄生蟲，以及對甲蟲致命的病菌。

在一九二〇到一九三三年之間，人們積極在甲蟲的原產地蒐集甲蟲的天敵或寄生蟲，結果從東方引進了三十四種昆蟲。其中，有五種在美國東部繁殖得很好。最有效與分布最廣的，是自韓國與中國引進的寄生性小土蜂（Tiphia vernalis）。雌蜂在土裡找到甲蟲幼蟲時，會在蟲蟲身上注射有麻醉作用的液體，然後在其體內產下一個卵。土蜂的幼蟲便會啃食甲蟲幼蟲，將之消滅。在近二十五年聯邦和州政府機構的合作下，東部有十四個州引入這種小土蜂。小土蜂很快就繁殖起來，昆蟲學家視之為控制甲蟲數量的一大功臣。

另一個更大的功臣是一種病菌，能感染日本甲蟲所屬的金龜子科甲蟲。這種病菌很特別，不會感染其他種類的昆蟲，對蚯蚓、溫血動物及植物也無害。病菌的孢子藏在土壤中，若甲蟲幼蟲吃進去，病菌便會在幼蟲血液中繁殖，使之呈異常的白色，因此人們通稱這種病為「乳白病」。

乳白病是一九三三年在紐澤西發現的。到了一九三八年，這種病在日本甲蟲最早入侵的地區非常普遍。一九三九年開始進行甲蟲防治計畫，以防杜乳白病的加速蔓延。當時並無人工培養病菌的方法，但卻發展出一種效果良好的方式，將受感染的幼蟲磨碎、烘乾，和石灰粉混合起來，所形成的粉末每克含有一億顆孢子。在一九三九年到一九五三年，東部十四州有九萬四千英畝地用這種粉末處理過，其他聯邦屬地或私人機構屬地及私人所有地也有廣大土地經過處理。到了一九四五年，乳白病已傳染給康乃狄格、紐約、紐澤西、達勒維及馬利蘭等州的甲蟲。在某些測試地區，幼蟲感染率高達百分之九十四。在一九五三年，粉末分布計畫改由私人機構接管，繼續提供給個人、花園俱樂部、民眾團體及其他有志管治甲蟲的單位。

實施天然防治法的東部各州，現在正坐享成果。這種病菌在土壤中可以存活好幾年，因此效果持久、效用強大，且能經由自然的媒介不繼擴展。

那麼，為何東部有如此輝煌的記錄，伊利諾等中西部各州卻不用他們的方法，而瘋狂地用化學藥物來對付甲蟲？據說，乳白病的病菌太貴，然而在一九四〇年代，東部十四州並沒有人這麼認為。而且，究竟他們是用什麼方法計算而下結論「太貴」？當然不是按照在紹頓大肆破壞後估算損失的方法。此外，病菌孢子的處理只需要一次，第一次處理的費用是唯一僅有的花費。

也有人說，乳白病菌不能用在甲蟲繁殖地的外圍，唯有在「已經」含大量甲蟲幼蟲的土壤中，病菌才能生存。事實上，乳白病菌會感染至少四十種其他種類的甲蟲，這些甲蟲就足以使病菌繁殖起來，即使日本甲蟲數量太少或甚至一隻也不存在也沒關係。此外病菌孢子在土中具有長期生存能力，所以可在還未有甲蟲幼蟲的地方先以「孢子」存在，等候甲蟲的入侵。

急功近利的人，毫無疑問地會不惜任何代價，繼續用化學方法對抗甲蟲。同時由於化學方法需要再三施行，一次又一次地花錢，那些人也不在意逐日荒廢的景物。另一方面，願意等幾個月獲取成效的人，就會採用乳白病菌，他們的報償，將是具長效的防治成果，且隨著時間愈來愈有效。

美國農業局在伊利諾州皮奧利亞（Peoria）的實驗室，正在進行一項大規模的計畫，以人工法培養乳白病菌。這會使成本大為降低，並鼓勵大眾使用。經過數年的研究，已有一些成績。此舉一旦成功，也許我們在對付日本甲蟲時會比較有理性與遠見，不會為了區區日本甲蟲造成的損失，而採用中西部那些惡夢般的計畫。

像東伊利諾州藥物噴灑這樣的事件，引出一個不是科學上而是道德上的問題。任何一個文明，是否能摧殘生物而不致毀滅自己？能否不失去被稱為文明的權利？

殺蟲劑的毒性並無選擇性，並不能只針對我們想要去除的種類。用殺蟲劑的原因很簡單，就是它有毒性能毒死所有的生物——家裡鍾愛的貓，農夫的牛，田野的兔子，以及空中的雲雀。這些生物對人類毫無害處，事實上牠們的存在使我們的生活更快樂，然而，我們卻以猝然、恐怖的死亡來回饋牠們。在紹頓目睹慘況的科學家如此形容垂死的草地鷚：「雖然失去肌肉的協調能力，不能飛也不能站起來，躺在那裡，牠還是不斷拍翅膀，捏緊腳爪，嘴巴張開吃力地喘氣。更可憐的是死在地上作無言抗議的松鼠——顯出死亡的恐怖，拱著背，腳趾緊握，前肢緊靠胸前……頭和頸部往外挺直，嘴含泥土，顯然死前曾咬過地面。」

如此摧殘生物，我們若還能保持緘默的話，能不感到慚愧嗎？

第 8 章

不再有鳥兒歌唱

是誰開始這一連串下毒的行動，
使死亡像小石投進靜止的池塘般
引起漣漪，逐漸往外散開？
是誰有權利，為無數不知情的人決定說，
沒有昆蟲的世界是最好的，
縱使是不毛的世界也是值得？

目前美國愈來愈多的地區，再也聽不見鳥兒在春天歸來的聲音，清晨是異常地寂靜，沒有舊日鳥兒啼唱的美景。鳥語突然靜默的情況，來得非常快速，在不知不覺中發生，那居住的社區尚未受到影響的人，是無法體會的。

美國博物館鳥類名譽館長、世界著名的鳥類學家勞勃・墨菲（Robert Cushman Murphy），收到來自伊利諾州興士達鎮一位家庭主婦以沈痛的筆調所寫的信：

「我們村莊的榆樹，已經噴藥好幾年了（她寫信時是一九五八年）。我們六年前搬來這裡的時候，鳥類繁多，我放了一個餵鳥槽，整個冬天不斷有紅雀、山雀、啄木鳥蒞臨，而在夏天，紅雀還帶著幼雛一起來呢！

在DDT噴過幾年之後，鎮上的知更鳥和八哥幾乎都消失了；山雀已有兩年沒來我的餵鳥槽吃東西，而今年紅雀也不見了；這附近的鳥可能只剩一對鴿子及一窩反舌鳥。

很難對小孩解釋，鳥兒都被殺死了，尤其是他們已在學校學過，聯邦政府有法令禁止殺害或捕捉鳥兒。他們問我：『鳥兒會回來嗎？』我無法答覆。榆樹和鳥兒都不斷死去。有人在想辦法補救嗎？有什麼事可以做嗎？我能做些什麼嗎？」

在聯邦政府實施一項大規模的噴藥計畫來對付火蟻的一年之後，一位阿拉巴馬州的婦女寫信說：「我們的地方半世紀以來一直是鳥兒的樂園。去年七月的時候我們都說『鳥兒比以前更多』，然後，突然間，在八月的第二個禮拜，牠們都不見了。我習慣大清早起來照顧我最喜歡的母馬，牠正懷有身孕，但這時卻連一點點鳥聲都沒有，實在很恐怖。人類正在對我們這美好的世界做什麼事？過了五個月之後，終於出現了一對冠藍鵲和一隻鷦鷯。」

她所提到的秋季那幾個月，在美國最南部的密西西比、路易斯安那及阿拉巴馬等州，尚有其他令人憂心的報導——美國國立奧杜邦協會與美國魚類暨野生生物管理局出版的季刊《野外雜誌》，提到「確實所有的鳥都不見了」的可怕現象。野外雜誌是一份收集野外觀察報告的刊物，作者都在自己熟稔領域累積數年的觀察經驗，具有當地鳥類生態的豐富知識。有位觀察員寫道，那個秋天她在密西西比州南部開車時，「開了很久都沒看到一隻鳥。」另一位在紅巴頓（Btaon Rouge）報導說，她的餵鳥槽「有好幾個星期」都沒鳥兒碰過，而院子裡灌木所結的漿果，以前在那時候早就被吃光，到現在卻依然果實纍纍。另一個則寫道，從他的大窗戶看出去，「通常可以看到四、五十隻紅雀，以及其他種類的鳥，現在一次頂多只能看到一、兩隻。」西維吉尼亞州大學的莫里斯．布魯克教授（Maurice Brooks），是阿帕拉契山區鳥類的權威，在報告中提到說：「西維吉尼亞州鳥兒的數量已減少到令人難以置信。」

有個故事或許可以代表鳥兒悲慘的命運——這命運已帶走許多種類的生命，並威脅到所有鳥類；以下是知更鳥的故事：這是眾所周知的鳥，對美國人來說，第一隻知更鳥的來臨代表冬天已逝。牠的到來是會上報，是人們在早餐桌上熱烈談論的事。當抵達的數目愈來愈多，林地出現第一片翠綠時，黎明曙光中就會有數千人聽到知更鳥合唱高歌。但現在都變了，連鳥兒的歸來都不能視為理所當然。

知更鳥以及其他種鳥類的存活，似乎都和美國榆樹的命運攸關。榆樹是從大西洋到洛磯山脈數千小鎮歷史的一部分。以氣派的綠拱門，幽雅地立在路街、市鎮中心及校園裡。但現在榆樹染上了一種病，嚴重到許多專家都認為要挽救榆樹的努力終會徒勞無功。失去榆樹固然可悲，但加倍可悲的是，在徒勞挽救榆樹的同時，又把大群鳥類丟入滅亡的黑夜中，這正是鳥兒所面臨的威脅。

所謂的荷蘭榆樹病，大約於一九三〇年由歐洲登陸美國，當時是隨同供應三夾板製造業用的榆樹木塊而來。這種病的病菌是真菌，會入侵樹木的導管，藉著孢子隨樹液擴散，由於其分泌物有毒，且會阻塞樹木的導管，使樹枝枯萎死亡。此病菌又由榆樹上的甲蟲傳染給健康的樹，甲蟲在死樹樹皮上穿鑿孔道，而這些孔道存有真菌的孢子，因此孢子就會附著在甲蟲身上，跟著甲蟲到任何地方去。防治榆樹病的努力主要都針對帶菌的甲蟲。在許許多多的城鎮，特別是美國榆樹最多的中西部及新英格蘭各州，密集式的藥物噴灑已是例行公事。

這種噴灑對鳥類的影響，尤其是知更鳥，最先是由兩位鳥類學者發現的——密西根州立大學的喬治・華里斯（George Wallace）教授與他的研究生約翰・梅納（John Mehner）。梅納在一九五四年開始寫博士論文時，所選的研究計畫和知更鳥群數有關。這完全是巧合，因為當時沒有人想到知更鳥會有危險，但就在他的計畫要開始進行時，發生了一些事情，改變了他的計畫，而事實上連他的研究材料也被剝奪了。

於一九五四年，密西根州立大學開始噴藥防治荷蘭榆樹病。次年，大學所在地的東蘭馨市（East Lasing）也隨後跟進，使噴藥範圍擴大，再加上當地防治毒蛾及蚊子的計畫也在進行，致使化學藥品如雨水般傾盆而下。

在一九五四年用藥量還輕微的期間，一切情形還不錯，遷移的知更鳥如往常一樣在下一年春天回來；如湯寧遜（Tomlinson）動人的文章〈失去的森林〉（The Lost Wood）中描述的風信子一樣，鳥兒們回到熟悉的家園，「沒想到會有可怕的事在等待著牠們」。很快地，事情就顯得不對勁，校園中開始出現已死或垂死的知更鳥，很少有鳥在常見的地方覓食，或在窩巢中棲息。鳥巢稀少，且雛鳥不多。次年春天，同樣的現象重複出現，噴過藥的地區已變成致命的陷阱，每一波遷移的鳥都在一個星期內被消滅得一乾二淨。新鳥飛來，只是讓校園中垂死掙扎的鳥兒數目增加而已。

華里斯教授說：「對大部分在春天要飛來棲息的知更鳥而言，校園就是墳場。」起初他以為是某種神經系統的疾病，但很快就真相大白，儘管噴藥的人保證對知更鳥無害，然而知更鳥確實死於殺蟲劑中毒，顯現出眾所皆知的症狀，先是失去平衡感，接著是顫抖、痙攣、然後死亡。

事實顯示，知更鳥不是直接中毒，而是間接吃蚯蚓所致。有人無意間拿校園的蚯蚓去餵某研究計畫的小龍蝦，結果所有的小龍蝦馬上死掉；有一條實驗室的蛇也因吃了這種蚯蚓而猛烈顫抖。而蚯蚓正是知更鳥春天的主食。

位於俄班那市（Urbana）的伊利諾州自然生物調查中心，有位洛伊．巴克博士（Roy Barker）很快就查出知更鳥厄運的癥結所在。巴克博士在一九五八年發表研究結果，指出知更鳥與榆樹有關是因蚯蚓的緣故。榆樹是在春天噴灑的（通常每五十呎樹用二到五磅的DDT，在榆樹密度高的地區，這相當於每英畝二十三磅），而到七月間通常又加噴一次，DDT用量約為春季的一半。不管樹有多高，強力的噴藥器都可將藥品直噴向樹木的每一部分，不但把目標——樹皮內的甲蟲殺死，也把其他如傳授花粉的昆蟲及追捕害蟲的蜘蛛及甲蟲撲滅。藥物會在樹葉及樹皮上形成一層膜，是水洗刷不掉的。在秋天，樹葉掉落，在地面堆積、腐爛，慢慢轉變為土壤的過程，得靠蚯蚓的幫助，因其以落葉為食，而榆樹葉又是牠們最喜歡的食物，然而在吃樹葉的同時，蚯蚓也吃下殺蟲劑，在體內濃縮、累積。巴克博士發現蚯蚓整個消化道、血管、神經及體壁上都含有DDT。毫無疑問地，有些蚯蚓被毒死，有些則形成毒素的「生物濃縮器」，等春天知更鳥回來，便加入這個惡性循環。只要十一隻大蚯蚓，就含有足可使一隻知更鳥致命的劑量，而十一隻蚯蚓只是鳥兒一天食物的一小部分；牠們在十分鐘內就能吃掉十至十二隻蚯蚓。

倒不是每隻知更鳥都會吃進足以致命的藥量，但是另一種後果一樣會導致滅亡，那就是生殖力降低。所有的鳥類都有這個問題，事實上所有生物同樣都有潛在危機。在整個密西根州立大學一百八十五公頃的校園裡，現在每年春天只找得到二、三隻知更鳥，而在噴灑藥物之前，最保守估計也有三百七十隻成鳥。在一九五四年，梅納觀察的每一個鳥巢都有小鳥孵出來。到一九五七年六月，本來應有三百七十隻幼鳥（取代成鳥的正常數目）在校園覓食的，梅納卻只發現一隻。一年後（一九五八年）華利斯博士寫道：「在校園本部我連一隻幼鳥都沒看到，也未聽說有誰見過。」沒有小鳥的原因，當然是成鳥在築巢交配前便死了，但華利斯博士發現更可怕的原因，是鳥兒的生殖能力已受到損害。例如：「記錄顯示，有些鳥築了巢但不生蛋，又有些生了蛋卻孵不出來。有隻知更鳥乖乖地孵蛋孵了二十一天還是孵不出小鳥。正常的話十三天就孵出來了……。」在一九六〇年，他向國會小組報告說：「我們分析繁殖期間的鳥，發現牠們的睪丸和卵巢含高濃度的DDT。有十隻雄鳥的睪丸含30到109 ppm，在兩隻雌鳥的卵巢中，一隻含有151 ppm，另一隻含211 ppm。」

不久，其他地區也開始發現同樣的事情。威斯康辛大學的約瑟．赫奇教授（Joseph Hickey）和他的學生在仔細調查噴灑及未噴灑的地區後，報告說知更鳥的死亡率至少高達百分之八十六到八十八。在密西根州花田山（Bloomfield）的克蘭布魯克科學院（Granbrook）為了評估噴灑榆樹造成鳥兒死亡的嚴重性，於一九五六年要求人們將疑似DDT中毒的死鳥送交科學院檢驗。結果大家反應熱烈，沒幾個星期該院的冷凍庫已不敷使用，只好謝絕其他樣本，到了一九五九年，光這一區的人就送交或提報了一千隻中毒而死的鳥。雖然知更鳥是主要的受害者（有位婦人在電話打科學院報告時，就有十二隻知更鳥在她的草坪上當場死亡），但受檢的樣本中另有六十三種不同的品種。

因此，噴灑榆樹所造成的一連串損傷中，知更鳥只不過是其中的一部分，而就算是噴灑榆樹的計畫，也只是眾多藥物噴灑計畫，將我們的土地鋪上一層毒藥的一小部分而已。大約有九十種鳥類受到嚴重影響，包括最為郊區居民及業餘賞鳥人士熟悉的鳥種。某些噴過藥物的地區，築巢的鳥數已降至百分之十。如我們將看到的，各種各樣的鳥類都受到影響，其中有在地面捕食的、在樹上獵食的、在樹皮上取食的，以及獵捕小型動物的等物種。

只要是以蚯蚓或其他土壤裡的生物為食的鳥類和哺乳類，勢必都會遭到和知更鳥同樣的命運。大約有四十五種鳥類以蚯蚓為食，其中一種是山鷸，山鷸在南部各州過冬，而這些州正是噴灑飛布達最多的地方。已有人發現，在新布隆斯威克*繁殖區的雛鳥已顯著減少，而成鳥體內含有大量的DDT及飛布達的殘餘。

記錄顯示，在地面捕食的鳥類中已有二十種以上的死亡率極高，牠們的食物——蟲、螞蟻、蛆蟲及其他土壤中的生物已中毒害。這些鳥類包括三種歌聲最優美的鶇鳥：綠背鶇、森鶇與隱士鶇。而在林地及覓食地、灌木叢中來往穿梭的麻雀，落葉中颯颯飛翔的歌雀與灰鶯，也是噴灑榆樹的受害者。

*編按：New Brunswick，加拿大東南大西洋沿岸的一省，西南與美國緬因州相連。

哺乳動物也直接或間接地捲入這個連鎖效應中。蚯蚓是浣熊的主食，而負鼠在春秋季也吃蚯蚓。在地底潛伏的地鼠和鼴鼠吃了蚯蚓，可能就把毒藥傳給獵捕牠們的角梟和蒼梟，在威斯康辛州春雨過後，有人撿到好幾隻死亡的角梟，可能是吃蚯蚓中毒而死的。也有人看過鷹類和梟類倒地抽搐，包括大角梟、角梟、赤肩鵟、雀鷹以及澤鵟，這些可能是吃了體內存有殺蟲劑的鳥類或鼠類所致的連鎖中毒。

不僅是在地面覓食的動物或吃這些動物的人遭殃，所有在樹梢覓食，在樹葉上搜尋昆蟲的鳥兒，也在噴灑密集區消失了，包括有林地妖精之稱的紅冠戴菊鳥與金冠戴菊鳥、嬌小的捕蚋鳥，以及多種的鶯鶯，這些鳥在春天遷徙的時候，成群結隊地在樹間穿梭，構成一幅七彩的浪潮。在一九五六年，有個噴灑計畫延到春季末才實施，正好碰上大群移棲鶯鶯的到來，幾乎當地每一種鶯鶯都難逃一劫。在威斯康辛州的白魚灣，前幾年的遷徙季節都看得到上千隻的金冠鶯鶯，在一九五八年榆樹噴灑過後，只看到兩隻，鶯鶯的死亡數不斷增加，包括那些最美麗動人、顏色鮮艷的，以及歌聲曼妙的種類。牠們死亡的原因，不是直接吃了有毒的昆蟲，就是間接因食物短缺所致。

食物短缺，對在空中輕盈飛翔、追捕昆蟲的燕子，亦有極大的影響。威斯康辛州一位自然學家說：「燕子受到很大的影響——每個人都抱怨說，比起四、五年前，實在少得可憐。僅僅是四年前，空中到處都是，現在我們難得看到一隻。這可能是因為農藥把昆蟲都殺死了，或燕子吃了有毒的昆蟲所致。」

至於其他鳥類，這位自然學家寫道：「另一種數量銳減的鳥類是菲比霸鶲。霸鶲這種鳥本來就不多，但常見的種類也變得很稀少。我今年春天只看到一隻菲比霸鶲，去年也只有一隻，威斯康辛州其他賞鳥的人也如此抱怨，過去我常看到五、六對紅雀，現在一隻都不見了；鷦鷯、知更鳥、反舌鳥和梟每年都在我的花園築巢，現在都沒有了。夏日的清晨，已聽不見鳥兒的歌唱，只有鴿子、八哥及英國麻雀等害鳥留下來，真是悲慘得令我無法忍受。」

人們在秋天噴灑榆樹，把毒素噴進樹皮每一個隙縫裡，可能就讓各種山雀及啄木鳥的數量大幅減少。一九五七到五八年間的冬天，華利斯博士沒在家中的餵鳥槽見到山雀，這是多年來的第一次，後來他發現山雀，牠們的出現正好顯示出一步步的因果關係——一隻在榆樹上捕食，一隻正在垂死邊緣，顯露出典型的DDT中毒症狀，另一隻則已死亡。後來發現那隻垂死的山雀組織中含有226 ppm的DDT。

這些鳥由於取食的習慣，使牠們特別容易受到殺蟲劑的傷害。同時，其數量的減少在經濟上和實質上都令人遺憾。比如說：白胸山雀和棕啄木鳥，夏天的食物是對樹木有害的昆蟲卵、幼蟲及成蟲。山雀的食物有四分之三是動物性食物，包括成長週期各階段的各種昆蟲。在本特（Bent）重要的著作《北美洲鳥類的生活史》中，對山雀取食的方式如此描述：「鳥群在遷徙時，每隻鳥都會仔細檢查樹皮、樹枝、樹幹，尋找每一口食物（蜘蛛的卵、繭，或其他休眠的昆蟲）。」

已有許多科學研究證實，鳥類在昆蟲防治上是很重要的一環。如防治恩格曼針樅甲蟲（Enge mann spruce beetle）主要是靠啄木鳥，牠們能減少甲蟲數量百分之四十五到九十八；而牠們在防治蘋果蛀心蛾上也非常重要。山雀是另外一種在冬天出現的鳥，能保護果園，對抗尺蠖蟲。

但在現代化學藥品充斥的世界，卻不容許這種自然的現象發生，噴灑的藥物不但消滅昆蟲，也把主要天敵——鳥類一併殺滅。往往當害蟲數量再度上升時，已無鳥兒能遏止牠們的繁殖。密爾瓦基（Milwaukee）大眾博物館鳥類館館長歐文．高美（Owen J. Gromme）在給密爾瓦基雜誌的投書中提到：「昆蟲最大的敵人是其他捕食性昆蟲、鳥類，以及小型哺乳動物，然而DDT將之一律殺滅，連大自然自己的守衛或警察也不例外。以進步的名義，我們是不是都要成為昆蟲防治的犧牲品？我們用殘暴的方法消滅昆蟲，卻只能得到暫時的解脫，最後還是輸給昆蟲。若有新的害蟲出現，攻擊榆樹消失後剩下來的樹木，而大自然的守衛（鳥類）已被我們的毒藥消滅時，我們將用什麼方法來對付？」

高美先生提到，自從威斯康辛州開始實施噴灑後，幾年時間有關鳥兒死亡或瀕死的電話與信件不斷增加，經查詢後發現，那些地區往往都噴灑過化學物質。

高美先生的體驗，中西部大多數研究機構的鳥類學家及生物保育學者都有同感。在受到噴灑的地區，只要瀏覽一下報紙上的讀者投書欄，就可清楚看到，人們漸漸警覺到這個問題，也愈來愈憤慨；而他們對噴灑的危險性往往比下命令實施噴灑的官員有更深刻的了解。「我們後院的美麗鳥兒將會死去，我擔心那一天很快就會到來，」一位密爾瓦基的婦女投書道：「這實在可憐，令人心碎……更令人灰心、憤怒的是，藥物噴灑並未達到預定的目的……長遠來看，你能挽救樹木而不同時讓鳥類存留嗎？在自然界中，二者豈不是相依相存的？難道要維護自然界的平衡，就一定得先擾亂既有的平衡狀態嗎？」

有些讀者也投書表示：榆樹雖然壯觀，但畢竟不是「聖牛」，沒有必要為了挽救牠們而不惜代價，傷害其他生物。「我一向都喜愛我們的榆樹，牠們就好像我們風景的商標。」另一位威斯康辛的婦女寫道：「但樹有很多種……我們也應該挽救鳥類。

若春天聽不到知更鳥的歌唱，可以想像有多淒涼，多可怕。」

對大眾來說，選擇似乎黑白分明，非常簡單，要鳥或是榆樹？但事情並不那麼簡單，若繼續以現在的做法做下去，到頭來可能兩者都保不住。藥物噴灑殺害鳥類，但也救不了榆樹。把拯救榆樹寄望在藥物噴嘴口上，是一種危險的妄想，只是讓一個個社區耗費巨資卻得不到持久的效果。康乃狄格州的格林威治（Greenwich）定期噴藥噴了十年，接著一年乾旱，對甲蟲特別有利，使榆樹死亡率上升十倍。伊利諾州的俄班那市，是伊利諾大學的所在地，荷蘭榆樹病最早在一九五一年出現，一九五三年開始實施噴灑，到了一九五九年，雖已噴了六年殺蟲劑，大學校區的榆樹卻已死了百分之八十六，其中有一半死於荷蘭榆樹病。

俄亥俄州的妥勒多市（Toledo）也有類似的情況發生，使山林管理局局長約瑟·史溫尼（Joseph A. Sweeney）著手調查藥物噴灑的後果。藥物噴灑是一九五三年開始的，一直持續到一九五九年。然而，史溫尼先生注意到，楓棉介殼蟲（cottony maple scale）在全市猖獗的情況，比「書本及權威人士」建議噴灑農藥以前更為嚴重。他遂決定自己檢視噴灑殺蟲劑對付荷蘭榆樹病的結果；他的發現使他大為震驚。在妥利多，「榆樹病情況不嚴重的地區，都是有病的樹就立刻移除的地區，而噴過藥劑的區域，榆樹病的蔓延卻相當嚴重。在鄉村什麼都沒做的地區，疾病的蔓延也沒有噴過藥的城市來得快速。顯然藥物把所有天敵都消滅了。」

「我不再因荷蘭榆樹病而噴灑藥物，此舉已使我和贊成美國農業局建議的人發生衝突，但我有事實根據，絕不改變我的決定。」

榆樹病在這些中西部的市鎮蔓延，只是近幾年的事，但人們不先向其他早有此問題的市鎮探聽，即毫不遲疑地著手進行野心勃勃且花費高昂的噴藥計畫，實在很令人難以理解。例如：紐約州當然是受荷蘭榆樹病所害歷史最久的，因為帶病的榆木就是約於一九三〇年經紐約港進入美國的，而且也是當今抑制榆樹病記錄最好的一州。然而，藥物噴灑並不是他們用的方法；實際上，其農業部門並不贊成社區用農藥防治榆樹病。

那麼，紐約州是怎麼做的呢？從榆樹病一開始出現到現在，他們採用的方法都是嚴格控制環境衛生，或立刻去除染病的樹木。起初效果不彰，因為人們不知道不但染病的榆樹要除去，連可能藏有甲蟲的榆木也得銷毀。染病的榆木在砍伐下來囤積作燃料之用時，會釋出帶有病菌的甲蟲，除非在春天就燒掉，否則冬眠後的甲蟲成蟲，在四、五月間出來覓食時，就會傳播病菌給榆樹。紐約的昆蟲學家已從經驗知道哪一類木料容易滋生甲蟲，只要嚴格管理這些木料，不但能事半功倍，也可以減少衛生計畫的花費。到一九五〇年，紐約州五萬五千棵榆樹罹患荷蘭榆樹病的比率已減至百分之零點二。在一九四二年，威郤士特郡（Westchester）開始實施一項衛生計畫，其後十四年間，每年榆樹死亡率只有百分之零點二。水牛城（Buffalo）擁有十八萬五千棵榆樹，在環境衛生防治榆病上向有優良記錄，其近年損失的榆樹每年只有百分之零點三，換句話說，以這種速率，要三百年的時間才會消滅水牛城所有的榆樹。

在雪城所發生的事，更是發人深省。在一九五七年前，沒有實施什麼有效的計畫；於一九五一至一九五六年間，雪城損失了將近三千棵榆樹。後來，在紐約州立大學森林學院的哈沃．密勒（Howard C. Miller）的指導下，所有罹病的榆樹以及可能藏有甲蟲的榆木全面遭到砍除銷毀。現在榆樹損失率每年不到百分之一。

紐約州防治荷蘭榆樹病的專家，都再三強調這種環境衛生辦法的經濟性。「在大部分情況下，實際花費都很小，而受益卻相當大。」紐約州立大學農學院的馬西斯（J. G. Matchysse）說：「如果樹枝死了或折斷，就得去掉，以免對人或財物造成損害。若是當燃料的柴堆，可以在春天到來前用掉，或把樹皮剝掉，或把木柴貯存在乾燥的地方。若是已死或快要死的榆樹，為了避免榆樹病蔓延而立刻將之去除的費用，不會比日後還多，因為城裡的死樹最後還是得去除的。」

因此，只要採取明智措施，荷蘭榆樹病並非無藥可救。雖然至今仍無方法能將之完全根除，但是卻可用衛生管理方式，將之控制或抑制在可接受的範圍內，而不必用徒勞無功，且大肆殺戮鳥類的方式。另一個可能的方法，是藉森林遺傳學，發展出能抗荷蘭榆樹病的變種。歐洲榆樹是相當有抵抗力的，華盛頓特區裡已植有許多，在市區大多數的榆樹染病的期間，沒有一棵歐洲榆樹得到這種病。

在損失大量榆樹的地區，人們正努力藉樹苗培植園及造林計畫來補種樹木。不過，雖然這些計畫應包括能抗病的歐洲榆樹，其他種類的樹木也應考慮，以免日後又一個流行病襲捲掉所有的樹。動、植物群落健康的關鍵，如英國生態學家查爾斯·愛爾登所說，在於「多樣性」。現在會發生這種事，主要是由於過去幾代生物的多樣性逐漸消失，就在三十年前，還沒有人知道在一大塊地單種一種樹是會招致災禍的，以致市長將市鎮的每條街旁和公園種滿榆樹，而今天榆樹死了，鳥兒也死了。

和知更鳥一樣，另一種美國鳥也似乎瀕臨絕種的邊緣，那就是美國的國家象徵——白頭鷹（Bald Eagle，即白頭海雕）。過去十年來，牠們的數量已銳減至令人心驚的地步。事實顯示，白頭鷹的生活環境似乎有什麼東西在作祟，而完全破壞牠們的生殖能力。究竟是什麼東西，還沒有確切的答案，但證據顯示可能是殺蟲劑。

我們對北美洲的鷹類研究做得最為透徹的，是棲息在佛羅里達州西海岸沿著譚帕（Tampa）到麥爾斯堡（Fort Myers）的白頭鷹。伯利（Charles Broley）在一九三九年到一九四九年間，為一千多隻白頭鷹幼雛結上標記而在鳥類學界享有盛名（在這之前，只有一百六十六隻白頭鷹曾被結上標記）。伯利先生在冬季的數月間，在幼雛尚未離巢前，便為牠們結上標記，之後從標記知道這些在佛羅里達州出生的白頭鷹，可以往北沿著海岸一直飛到加拿大的愛德華島（Prince Edward Island），而過去人們卻以為牠們是不移棲的。秋天牠們回到南方，最適合觀察其移棲的著名地點，便是賓州東部的鷹山（Hawk Mountain）。

伯利先生開始為白頭鷹結標記的頭幾年，在他工作的海岸線上，每年都可以找到一百二十五個育有幼鳥的巢，他每年結上標記的幼雛也約有一百五十隻。到了一九四七年幼鳥的數量開始下降，有些巢沒有蛋，有些有蛋卻孵不出來。在一九五二到一九五七年間，大約有百分之八十的鷹巢沒有幼鷹孵出來，而在一九五七年，他只找到四十三個巢，其中有七個孵出幼雛（七隻小鷹），有二十三個有蛋卻沒孵出來，十三個只是成鷹進食的場所，沒有蛋在裡面。在一九五八年，伯利先生沿著海岸找了一百英哩，才找到一隻可以結標記的小鷹，至於成鷹，在一九五七年還在四十三個巢中看到，現在卻已稀少到只剩下十個巢。

雖然伯利先生在一九五九年去逝，這一連串不輟而寶貴的觀察遂告終止，但經由佛羅里達州奧杜邦學會以及從紐澤西州和賓州的資料來看，均確定白頭鷹數量下降的趨勢，而美國勢必要另找一個國家標誌了。鷲山保護區負責人莫里司．布隆（Maunice Broun）的報告更是特別重要；鷲山是位於賓州東南的小山頂，風景如畫，是阿帕拉契山脈最東邊的山，也是從西部來的風往東岸平原吹去的最後一道屏障。當風吹向山脈時，氣流便往上偏移；因此在秋季時，此連續往上昇的氣流便使闊翼的鷲和鷹不費力氣就能飛翔自如，一天能南遷好幾英哩。由於各路山脈在此會合，因此也是鷹類空中航行的集中點。結果，從北方各處南遷的鳥，都要通過這個交通要道。

布隆先生在此任職已二十多年，這期間他所觀察與實際作記錄的鷲鷹，比任何美國人都還要多。白頭鷹南遷的高峰是在八月底至九月初，這些可能是夏天在北方避暑後回家的佛羅里達州的鳥（之後在秋季與初冬之際有一群比較大的鷹群飛過，這些似乎是北方的族群，飛往的目的地不明）。建立保護區的前幾年，從一九三五到一九三九年，有百分之四十的鷹是亞成鳥，這很容易從牠們整齊一致的黑羽毛看出來。但近幾年，這些小鷹已非常罕見。在一九五五到一九五九年間，小鷹只占百分之二十，而在一九五七年，每三十二隻成鷹中只有一隻幼鷹。

在其他地方所看到的現象，和在鷲山所看到的頗為一致。伊利諾州自然資源委員會官員伊登．佛克（Elton Fawks）就提出類似的報告。有一群可能在北方繁殖的鷹，都在密西西比河與伊利諾河沿岸過冬。佛克報告說，依他新近的估算發現，五十九隻成鷹中只有一隻幼鷹；同樣指出鷹類漸趨滅亡的報告，來自世上唯一的一處鷹類保護區，位於蘇格漢那河（Susguehanna）的強森山島（Mount Johnson），這座島距可努偉高水壩（Conowingo Dam)雖只有八英哩，距蘭加士達郡也只有半英哩，但仍然保有原始荒野的面貌。自一九三四年起，蘭加士達的鳥類學家，也是保護區負責人的荷伯特．貝克（Herbert H. Beck）便持續觀察島上唯一的一個鷹巢。在一九三五與一九四七年間，這個巢一直都有鷹來使用，小鷹的孵育也都很成功，但是從一九四七年開始，雖然還是有成鷹占用這個巢，牠們也下了蛋，但卻無幼鷹孵出來。

那麼，強森山島也和佛羅里達州發生的情形一樣——有成鷹占用鷹巢，有蛋的生產，卻甚少有幼鷹孵化出來，原因似乎只有一個，那就是環境中有某種物質大大降低了鷹類的生殖能力，以至於目前每一年幾乎不再有新增的幼鷹來維持鷹的數量。

已有人用其他種鳥類作實驗，以人為方式造出同樣情況，特別是美國魚類和野生物管理局的詹姆士・戴維博士（James Dewitt）的實驗，他用鵪鶉和雉雞研究殺蟲劑的影響，現已成為實驗的經典。實驗結果確定接觸到ＤＤＴ或相關化學物質後，即使沒有顯著的傷害，也會嚴重影響生殖能力。影響的方式可能不一樣，最終卻有一樣的後果。例如：在繁殖季節期間，給鵪鶉吃含ＤＤＴ的食物，牠們可以活得很好，甚至產下正常數量的蛋，但是沒有幾個蛋孵得出來。「許多胚胎在孵化初期似乎發育正常，但是到了末期便告死亡。」戴維博士說道：「至於那些孵化出來的，有一半以上在五天之內死掉。」在另一個實驗中，若對雉雞和鵪鶉整年餵以含殺蟲劑的食物，就不會下蛋。加州大學的勞勃・魯得博士（Robeat Rudd）和理查・金尼利博士（Richard Genelly）也有類似的發現。餵予地特靈的雉雞，「蛋的產量顯著下降，小雞的存活率也很低。」據他們表示，地特靈會積存在蛋黃中，而慢慢滲進正在發育的胚胎，最後對孵化後的幼雛造成致命的後果。

　華利斯博士與他一個研究生最近的研究結果，強力支持了這個看法。他們發現，密西根州立大學校園的知更鳥含有高濃度的ＤＤＴ，他們檢查過的每一隻雄鳥的睪丸，都含有ＤＤＴ；另外在雌鳥體內發育中的卵泡、卵巢、末下的蛋、輸卵管、棄置在巢中未孵化的蛋、蛋中的胚胎，以及剛孵出來已死的小鳥體內，都含有ＤＤＴ。

這些重要研究在在顯示，縱使在接觸殺蟲劑後立刻除去殺蟲劑，殘留的毒性仍會危害下一代。毒藥儲存在滋養胚胎的蛋黃中，幼鳥必死無疑，這可以解釋為何戴維博士的幼鳥有很多死在蛋裡面，或孵出來沒幾天就死了。

用白頭鷹做這些實驗，有無法克服的困難，但在佛羅里達、紐澤西及其他各州已進行野外研究，以期確實了解造成白頭鷹族群生殖力下降的原因。目前，現有的間接證據指向殺蟲劑。在產魚豐盛的地區，魚是白頭鷹大部分的食物（在阿拉斯加大約是百分之六十五，在卻沙比克灣（Chesapeake Bay）地區大約是百分之五十二）。毫無疑問的，伯利先生長久以來所研究的鷹類，主要食物是魚。自一九四五年，人們屢次用溶於柴油的ＤＤＴ自空中噴灑這一地區，噴灑的主要對象是鹹水沼澤的蚊子，牠們棲息於沼澤及沿岸地區，而這些區域也是白頭鷹獵食的地方。實驗室的分析發現，這些鷹的組織含高濃度的ＤＤＴ——高達46 ppm。一如清湖的前例，因吃了湖中體內積存高濃度殺蟲劑殘餘的魚，白頭鷹體內必然也積聚不少含量的ＤＤＴ。故也和雉雞、鵪鶉和知更鳥一樣，白頭鷹的幼雛也愈來愈少，逐漸失去延續族群的能力。

當今世界各地的鳥類，都面臨著同樣的危機，細節也許不一樣，但總是一而再再而三地，在用過殺蟲劑後，野生生物便相繼死亡。在法國，用含砷的除草劑去除葡萄園的莖幹，曾使數以百計的小鳥與鷓鴣死掉；在素以鳥多著名的比利時，也因農地噴灑殺蟲劑，使得獵人無鷓鴣可獵。

英格蘭的問題似乎比較特殊，這牽涉到種田的方式：種子在播種前先用殺蟲劑處理過。這種方式不怎麼新，所用的化學藥品主要是殺菌劑，對鳥類似乎沒有影響。但約在一九五六年，人們改採用一種有雙重效果的方式，除了殺菌劑，還加入地特靈、阿特靈，或飛布達，以對付土壤裡的昆蟲，結果，情況變得每況愈下。

一九六〇年春季發現，死鳥的案件紛紛湧向英國野生生物機構，包括英國鳥類學信託基金會、皇家鳥類保護協會，以及獵鳥協會。「這地方就像個戰場，」一那福克（Norfolk）有位地主寫道：「我的佣人發現無數的動物屍體，包括為數眾多的小鳥——蒼頭燕雀、金翅雀、赤胸朱頂雀、籬雀和麻雀……野生生物所受到的傷害，實在可憐極了。」一位獵場看守人寫道：「我的鷓鴣吃了上藥的玉米後全部死光，此外，有些雉雞和其他上百隻不同種類的鳥也都死掉……我看守獵場一輩子，這真是令我心痛的經驗。看到鷓鴣成雙成對地死在一起，很令人難過。」

英國鳥類信託基金會和皇家鳥類保護協會在合寫的報告中，提到六十七隻死鳥——在一九六〇年春季死亡的總數，當然遠超過這個數字。這六十七隻鳥中，有五十九隻因吃了經農藥處理過的種子而死，有八隻則是因噴灑的毒藥而致命。

隔年，鳥兒中毒的事件如潮水般襲捲而來。向英國上議會報告的鳥類死亡數，單是那福克一區就有六百隻，而北愛色士（North Essex）有個農場死了一百隻雉雞。人們很快便發現，受波及的鄉鎮要比一九六〇年為多（二十四個）。以農業為重的林肯州（Lincolnshire），受到的災害最大，計有一萬隻鳥死亡。然而，受害的區域包括整個英國的農業地區，從北邊的安格斯（Angus）到南邊的克倫威爾（Cornwell），從西邊的安格勒（Anglesey）到東邊的那福克。

到了一九六一年春季，英國下議院鑒於災情慘重，成立特別委員會來調查始末，聽取農人、地主、農業局及其他關心野生生物的官方或非官方機構代表的證言。

「死鴿子突然從空中跌下來，」有位證人如此說道。「在倫敦郊區可以開車開一、二百英哩而看不到一隻紅隼。」另一個證人如此表示；自然生物保護局的官員則作證道：「就我所知，在我們國家歷史上野生生物從未遭遇如此重大的危險。」

用來分析檢驗受害動物的化學設備，大部分都不適用，全國只有兩位化學技師能做這種分析（一位是政府的技師，另一位受聘於皇家鳥類保護協會）。有證人曾形容大火焚燒鳥屍的景象，但還是有人費心收集鳥屍進行檢驗；在分析過的鳥屍中，除了一隻以外其他全部含有殺蟲劑殘餘。這唯一的例外是一隻田鷸，這種鳥並不以種子為食。

除了鳥類外，受害的可能也包括狐狸，牠們或許間接吃進中毒的老鼠或鳥。英格蘭的兔子太多，主要得靠狐狸捕食來控制數量，但是從一九五九年十一月到一九六〇年四月之間，至少有一千三百隻狐狸死亡。死亡數量最多的地方，也是麻雀、鷲鷹，與其他猛禽消失之處，因此可以想見，毒藥是藉食物鏈傳遞，從吃種子的動物傳給吃肉的鳥類或哺乳類。奄奄一息的狐狸，樣子就和氯化碳氫化合物殺蟲劑中毒的動物一樣，迷亂地繞著圈圈走來走去，眼睛半瞎，最後在抽搐中死去。

那場聽證會使委員會的成員相信，野生生物正面臨「極度驚人」的危害，而同意向下議院建議「蘇格蘭的農業部部長及政府首長應該立刻禁止使用含地特靈、阿特靈、飛布達，或其他有同等毒性的化學物質來處理種子。」委員會並建議採取更妥切的條例，確保化學藥品在問市前經過實地或實驗室適當的試驗。值得在此強調的是，這種試驗是各地殺蟲劑研究付之闕如的，製造商只用一般實驗動物作實驗，如老鼠、狗、天竺鼠等，而不包括野生動物、鳥類，或魚類，且實驗是在人工控制的條件下進行，所以和野生生物的生活情況截然不同。

英國不是唯一有這種問題的國家，在美國，此問題在加州及南方種稻米的地區最為嚴重。數年來，加州的米農一直都用DDT處理種子，以防杜會傷害秧苗的蝌蚪蝦及水龜蟲。加州獵人一向獵績良好，因為稻田中有為數極多的水禽和雉雞。但近十年來，種稻地區的雉雞、鴨子及黑鶇等鳥類，數量不斷在減少，「雉雞病」成為大家所熟知的疫病；鳥兒會「找水喝，麻痺，在水溝邊或稻田裡發抖。」這種病都在春天播種的時候發生。所用的DDT濃度是能毒死一隻雉雞的好幾倍劑量。

經過數年時間，有毒性更強的殺蟲劑問世，使得處理過農藥的種子所造成的危害更大。比DDT毒性強一百倍的阿特靈，現在普遍用於處理穀種。在德州東部，這種耕種方式已嚴重減少墨西哥灣沿岸黃褐樹鴨的數量。其實，我們有理由相信，農夫因發現殺蟲劑有壓制黑鶇數量的效果，所以更熱切地使用殺蟲劑，然而卻使稻田上的其他鳥類一起遭殃。

隨著殺害動物的習慣逐漸養成——即「根絕」所有令人討厭或使人不便的生物，鳥類已漸漸變為農藥的直接目標，而非間接受害者。現有一種趨勢，是從空中噴灑致命的藥物，如巴拉松，以「控制」農夫不喜歡的鳥類數量。美國魚類與野生物管理局已發現事態的嚴重性，而指出「經巴拉松處理過的地區，對人類、家畜及野生生物已構成潛在的危險。」例如：在印第安那州南部，一群農夫在一九五九年夏天合資租用飛機把巴拉松噴在一片河邊低窪地區，而那是數以千計的黑鶇（blackbird）棲息之處，牠們都在附近的玉米田覓食。這問題本來是很容易解決的，只要稍微改變一下耕種的方式——改種玉米穗深藏在裡面，不易被鳥吃去的品種；然而，農夫已深為農藥的威力所折服，因此召來飛機進行死亡任務。

噴藥結果，可能讓農夫大為滿意，因為有六萬五千隻紅翅黑鸝（red-winged blackbird）及八哥死亡。至於其他野生生物的死傷，可能沒有人注意到，也沒有記錄。巴拉松不單會殺害黑鶇*，對其他生物也一樣。像兔子及浣熊，或許會在河邊逗留，但可能從未在農夫的玉米田覓食，卻被對其生存漠不關心的法官和陪審團判以死刑。

那人類呢？加州有個果園噴灑過巴拉松，工人接觸到一個月前噴過藥的葉子便休克暈倒在地，經急救才脫險。印第安那州的小男孩，仍然在森林或田野，甚至河邊漫遊嗎？如果是的話，誰去看守受毒藥汙染的地區，防止路人進入？誰將提高警覺，警告不知情的人不要誤踏致人於死的區域？而且所有植物都包裹上一層有毒的薄膜？然

*編按：紅翅黑鸝的「黑鸝」與「黑鶇」英文一樣是「黑鳥」，但卻是不同種類。此處的黑鶇可能單指紅翅黑鸝，也可能是泛指不同種類的黑色鳥類。

而，儘管有這麼大的危險，農夫卻可隨便用來對付黑鶇，無人阻擋。

這種情況，每一件都令人想到：是誰開始這一連串下毒的行動，使死亡像小石投進靜止的池塘般引起漣漪，逐漸往外擴散？是誰在天平的一邊，放下可能會被甲蟲吃掉的葉子，而在另外一邊放入一堆五彩繽紛，遭毒害的鳥兒所遺留下來的羽毛？是誰有權利，為無數不知情的人決定說，沒有昆蟲的世界是最好的，縱使是不毛的世界也是值得，而空中展翼飛翔的鳥兒糟蹋了這樣的世界？下決定的，是人民暫時賦予權利的政府官員；對千千萬萬的人而言，大自然的美麗與秩序，仍然是最重要的，但政府官員就在人們稍不注意的時候，下了一場突如其來的決定。

第 9 章
死河

在一九五二年春季，
聖路易斯郡為了消滅舞蠅的幼蟲，
而在兩千英畝的鹹水沼澤施放地特靈，
研究中心的調查報告上說：
「魚類都被毒死，海岸上到處都是死魚，
從空中可以看到鯊魚被垂死的魚所吸引而來。」

在大西洋碧綠的深海中，有許多「路線」通向海岸；這些是魚游行的路線，雖然看不見、摸不著，卻是與沿岸的河流相通的。從幾千萬年以前，鮭魚就知道沿著這些路線，回到牠們度過生命中最初數月或數年的河流。因此，在一九五三年的夏天和秋天，加拿大新布隆斯威克省沿岸一條名叫米蘭米契（Miramichi）的河裡，有鮭魚遠從大西洋游來，回到牠們的出生地。秋天裡的米蘭米契河上游，在處處有遮蔭的小溪裡，鮭魚產卵於砂礫河床上，清冷的溪水在上面迅速地流動。這種地方，是一大片雲杉和香樅，鐵杉和松樹等構成的針葉林，其遮蔭提供鮭魚孵育不可或缺的生存條件。

這種情況，幾千年來便是如此，使得米蘭米契河成為北美洲最美妙的鮭魚溪流之一；然而那一年，情況有了改變。

秋冬時期，母魚在淺水的砂礫河床上挖出小溝，產下碩大且殼厚的卵。在寒冬中，魚卵發育得很慢，到春天魚卵才會孵化，幼魚起先藏在河床的小石中，身長不過半英吋長。牠們不吃東西，只靠大大的卵黃囊存活，等到卵黃囊耗盡，才開始尋找溪流中的小昆蟲。

在一九五四年春季，米蘭米契河中除了剛孵出的幼魚外，還有前一、兩年孵出的小魚，身上有顏色鮮艷的線條和紅點。牠們拚命地吃，不斷尋找溪流中各式各樣的昆蟲。

然而等夏天到來時，一切都變了。那一年，為了撲滅雲杉捲葉蛾，加拿大開始一個大規模的藥物噴灑計畫，而米蘭米契西北部的溪流遮蔭區也包括在內。捲葉蛾是土生土長的昆蟲，專門侵害各種針葉樹，在加拿大東部，似乎每隔三十五年，捲葉蛾就要大肆猖獗一次。一九五〇年代的初期，捲葉蛾的數量又再一次暴增，於是，人們開始用DDT來對付，起先只是小規模地噴灑，到一九五三年突然間用量劇增，噴灑範圍不再是幾千英畝而是幾百萬英畝，為的是挽救香樅——紙漿和造紙工業的原料。

於是在一九五四年六月，有飛機飛到米蘭米契河西北方森林的上空，白色的噴霧跟著飛機的航行形成交錯的圖案。噴藥——每英畝一磅半DDT的油性溶液，穿過香樅樹林，最後進入地面及溪流中。奉命噴灑藥物的駕駛員，只想到要完成任務，而在飛越溪流時全然沒想到要避免把藥噴到河中或把噴藥管關掉。不過，空氣中即使一點小小的擾動就會使噴霧噴得老遠，所以就算駕駛員想到要這樣做，對現狀也是於事無補。

噴藥之後沒多久，就有跡象顯示什麼都不對勁。兩天之內，河岸邊就開始出現死魚或奄奄一息的魚，其中包括許多小鮭魚及鱒魚，而路旁及森林中的鳥也瀕臨死亡。

溪流中一切生物都變得死寂，在噴藥前，水中有豐富的生物，供鮭魚及鱒魚為食；有用唾液黏貼在稍有保護作用的葉子、樹幹及石礫下的石蠶的幼蟲，及在激流中緊緊攀附著石塊的石蠅幼蟲，也有像蠕蟲一樣的蚋幼蟲，附在溪底石頭的邊緣，或受溪水沖洗的石塊斜面上。但是現在溪裡的昆蟲都被DDT毒死了，而小鮭魚也沒有東西吃了。

在這片死亡與毀滅的場景，小鮭魚當然劫數難逃。到了八月，那年春天從河床石礫中孵出來的幼鮭，沒有一隻倖存，一整年的魚卵，全部化為烏有，前一兩年孵化的幼魚，情況稍微好一點。在一九五三年孵化的，噴藥之後有六分之一存活，而在一九五二年孵化的，都已準備出海了，卻死了三分之一。

這些真相之所以有人知道，是因為加拿大漁業研究局自一九五〇年來，就一直調查米蘭米契河西北區的鮭魚狀況，每年河裡的鮭魚，牠們都要清點過。這些記錄包括逆流而來產卵的成魚數量、河中各年齡小魚的數量，及鮭魚外其他魚類的數量，因為有完整的記錄，才得以準確評估噴藥後的損失，這在別的地方是很少見的。

調查結果顯示，損失的不只是小魚，河流本身就受到嚴重影響。多次噴藥已完全改變溪流的環境，而鮭魚和鱒魚所食用的水生昆蟲全被殺光，就算只噴一次藥，也需要很長一段時間，這些昆蟲才能繁殖到足夠數量來供應正常數量的鮭魚，這時間不是數月，而是數年。

比較小的昆蟲，像搖蚊和蚋等，繁殖得很快，適合幾個月大的幼魚食用，但兩三歲大的鮭魚，就需要較大的水生昆蟲，但是牠們繁殖得卻沒那麼快，這些昆蟲包括石蠶、石蠅，和蜉蝣等的幼蟲，就算噴過ＤＤＴ後第二年，覓食的鮭魚還是頂多只能偶爾找到一隻小小的石蠅。河中既無大的石蠅，也無蜉蝣及石蠶，為了補充這種天然食物，加拿大人試過把石蠶及其他昆蟲送到米蘭米契河，可以想見，這些昆蟲又會被下一次的噴藥消滅殆盡。

捲葉蛾的數量，不但沒有如預期中的減少，反而不斷回升。從一九五五年到一九五七年，新布隆斯威克省和魁北克省各地區都曾多次噴藥，有些地方甚至多達三次，到一九五七年，噴過藥的範圍將近有一千五百萬英畝。雖然其後有一段時間暫停噴藥，但因捲葉蛾數量突然回升，所以又在一九六〇和一九六一年恢復噴藥。事實上，證據顯示，噴藥只能救急而已（目的在挽救樹林，不致在數年內逐漸落葉而死）；繼續噴藥的結果，很不幸地只是使副作用不斷發生。為了減少魚類的損失，加拿大山林管理官員已因應漁業研究局的建議，將ＤＤＴ的用量從每英畝二分之一磅減到每英畝四分之一磅（美國仍然採用有高危險性的濃度）。目前，經過數年觀察噴藥結果之後，加拿大人面臨一個窘境——倘若繼續噴藥，鮭魚業者恐將寢食難安。

現今，有個不尋常的情況，使得米蘭米契河西北區不致如預期般步向毀滅；這種狀況，可能百年內不會再發生。知道事情是怎麼發生，及其發生的原因，是很重要的。

如前所述，在一九五四年米蘭米契這一支流的遮蔭林木受到高劑量的噴灑，之後，除了一九五六年噴過一窄小地區外，整個地區就未再噴過藥。到一九五四年秋天，有個熱帶性暴風雨給米蘭米契河鮭魚帶來好運，愛蒂娜颶風是個朝北行進的強烈暴風雨，為新英格蘭區及加拿大海岸帶來豪雨，豪雨把溪水沖入海中，引來數量奇多的鮭魚。結果，鮭魚在河床的砂礫中產下為數繁多的魚卵。在一九五五年春季孵出來的鮭魚，竟然有理想的環境讓他們生存；雖然DDT在前一年把河中的昆蟲一掃而光，但小昆蟲如搖蚊和蚋等很快就又繁殖起來，成為幼魚的食物。這一年的幼魚不但有豐盛的食物，而且和牠們競爭食物的對象也減少很多，這是因為一九五四年噴藥的結果，把年齡較小的幼魚都毒死了。於是一九五五年的幼魚長得非常快，存活的數量也特別多，牠們在河裡成長的時間縮短，而提早游向海洋，其中有許多在一九五九年回到出生地。

現在米蘭米契河西北部的狀況還相當好，這是因為只噴過一次藥。其他地區則因多次噴藥的結果，使鮭魚數量大幅減少，委實令人驚心。

所有噴過藥的溪流中，各年齡層的幼魚均不多，生物學家報告指出：最小的往往「被一網打盡」。米蘭米契河西南部曾在一九五六和一九五九年噴過藥，而一九五九年所捕獲的魚，是十年來數量最少的。漁夫們注意到，游回海洋年紀最小的幼魚數量極少。從米蘭米契河與海洋匯合處所採集的樣本可以發現，幼魚的數量在一九五九年只有前一年的四分之一。在一九三九年，整個米蘭米契河林木區只棲息了五十萬隻可以游向海洋的幼鮭，不到前三年的三分之一。

在這樣的情況下，新布隆斯威克省鮭魚業的前途，可能就在能否停用ＤＤＴ噴灑森林，而找其他替代方法控制捲葉蛾。

加拿大東部這種情形，除了森林噴藥程度的不同，以及資料的豐富外，並非唯一發生過的例子。美國的緬因州有雲杉與香樅林，亦有控制森林昆蟲的問題；緬因州也有鮭魚，那是生物學家和生物保護學者費盡心血，在充滿工業汙染與廢料的溪流中，從往日風光時期搶救下來，碩果僅存的一群。雖然人們一直用噴藥來對付到處都有的捲葉蛾，受影響的地區並不大，而河中鮭魚產卵區也尚未受到影響，但據緬因州內陸漁獵管理局的觀察，河裡的魚已有不對勁的跡象。

管理局的報告指出：「一九五八年噴藥之後，大哥達溪（Big Goddard Brook）馬上就出現大量奄奄一息的鯽魚，這些魚顯出典型ＤＤＴ中毒的症狀，游泳姿態怪異，在水面喘氣，並有顫抖和抽搐的現象。噴藥後前五天，在兩處攔截網中找到六百六十八隻死鯽魚，在小哥達、加利、艾達與巴克等小溪中，也有大批鰷魚和鯽魚死去，河水中常看到虛弱待死的魚順水漂流而下；噴藥一個多星期後，還看過好幾次眼瞎而垂死的鱒魚順流漂下。」

很多研究證實，ＤＤＴ會造成魚類失明。加拿大一位生物學家在溫哥華島北部觀察噴藥的影響後，於一九五七年在報告上寫說：「向來凶猛的小鱒魚，從溪流中用手就可以抓起來，因為這些魚在水中只是緩慢地游動，沒有逃跑的意圖。經檢查發現，牠們的眼珠上蓋有一層不透明的白膜，顯示視覺已受到損害或已全然失明。」加拿大漁業局的實驗室發現，幾乎所有未被低劑量ＤＤＴ「3 PPM」毒死的魚（銀鮭），都有失明的症狀，眼膜蓋有一層不透明薄膜。

每一處有大森林的區域，都有現代控制昆蟲的手段威脅著溪流中魚類的生存。美國最為人知的例子是發生在一九五五年，於黃石國家公園及其附近噴藥所產生的後果。那年秋天，黃石河中出現許多死魚，釣魚人士及蒙特拿州漁獵管理局人員大感憂心，將近有九十英哩的河流受到影響，三十碼長的河流中，就找到六百隻死魚，包括棕鱒、鯡魚及鯽魚。河中的昆蟲——鱒魚的天然食物，已然消失不見了。

森林管理人員宣稱，他們依照標準，採用每英畝一磅DDT的劑量是「安全的」，但噴藥的後果足可使任何人相信，這標準顯然大有問題。一九五六年，蒙特拿漁獵管理局和另兩個聯邦政府機構——魚類與野生生物管理局以及林務局，開始合作調查；那年蒙特拿州的噴藥地區有九十萬英畝，於一九五七年也有八十萬英畝的土地噴過藥，因此生物學家不愁找不到地方作調查。

死亡的景象，都有一個特別的典型：森林中充滿DDT的氣味，水面覆有一層油膜，河中死魚充斥，無論死活，所有的魚體內都含有DDT。這和加拿大東岸的情形一樣，噴藥最嚴重的一個後果，便是魚類食用的生物大幅減少。在許多地區，水生昆蟲和其他河底生物的數量都減至正常情況的十分之一。這些昆蟲族群，一旦受到破壞，就得花一段很長的時間繁殖回來，而牠們對鱒魚的存活卻是非常重要的。縱使在噴藥後第一年夏天，也只有極少數的水生昆蟲再度繁衍起來；有一條支流，本來充滿小生物的，現在卻很難找到昆蟲，且河裡的魚也減少了百分之八十。

這些魚倒不一定會馬上死掉。其實，大部分可能都是慢慢死掉的。蒙特拿州的生物學家發現，就因如此，可能有一段時間都沒有人發現問題，因在釣魚季節過後，問題才顯現出來。許多死魚都在秋天產卵季節才出現，包括棕鱒、溪鱒及鯡魚。這倒不奇怪，因為無論是魚或人類，在蒙受壓力的時候都會從脂肪提取能量來源，也因此使儲存於脂肪中的DDT毒性釋放出來。

顯然每英畝一磅DDT的劑量，對森林溪中的魚類構成很大的威脅。更有甚者，管制捲葉蛾的目的並未達成，使很多地區計畫再度噴藥，但蒙特拿州漁獵管理局強烈反對再噴藥，管理人員表示：「管理局不願讓無謂且效果不彰的噴藥計畫損害魚釣資源。」不過他們也宣布，將繼續和林務局合作，「想辦法把反效果減至最低。」

但這樣的合作，又救了多少魚？英屬哥倫比亞的經驗，正可充分說明此點。該區幾年來一直飽受黑頭捲葉蛾的困擾，林務局官員害怕又一季的脫葉問題會使樹木死亡數增加，遂於一九五七年決定進行管制，並多次和漁獵局協商，漁獵局擔心溪流中的鮭魚會受到影響，林務局同意在不影響效果的情形下盡可能修改計畫，以降低對魚類的危險。

雖然官員們誠心誠意事先防範，但還是有至少四條溪流的魚死了將近百分之一百。

其中一條河流，四萬尾銀鮭回來產卵所孵化的幼魚，幾乎全數遭到毀滅，幾千條虹鱒及其他種類的鱒魚，也遭到同樣的命運。銀鮭的生命是三年，而回來產卵的幾乎都是同齡的魚，牠們和其他鮭魚一樣，有強烈回歸出生地的本能。因此，其他溪流不會有銀鮭，也就是說，三年後就不會有鮭魚回來了。直到最近，人們用人工繁殖法或其他方法謹慎經營的結果，才保住了這種具商業價值的鮭魚回流群。

要保存森林又保住魚類，是有辦法的，不必把水道都變成死河，除非我們都已絕望、認輸了。我們必須採用目前所知的各種權宜辦法，並利用我們的智慧及資源，開發其他方法。有記錄顯示，利用天然的寄生蟲管制捲葉蛾，要比噴藥有效多了，我們應充分利用這種天然管制法才是。使用毒性較低的藥物也是可行，或者更好的是，引進能使捲葉蛾致病而又不致影響森林其他生物網的微生物。我們下面要談到這些權宜和辦法，以及其功效，同時，我們一定要了解，噴藥既非唯一的辦法，也非最好的方法。

殺蟲劑對魚類的危害，可以分為三個部分：第一個部分，如我們前面所提到的，和北部森林溪流中魚類回歸出生地以及森林實施噴藥的問題有關。這部分幾乎完全是DDT的後遺症；另一部分影響的範圍就大得多，關係到許多不同種類的魚——鱸魚、日鱸、莓鱸、胭脂鯉等，牽涉到牠們所棲息的美國境內各種水域，不管是流動的或靜止的。同時，關係到的殺蟲劑也幾乎包括所有的化學物質，特別是茵特靈、托殺芬、地特靈以及飛布達等後果最嚴重；第三個部分，是我們現在必須理性思考，未來可能會發生的問題，因為那些能揭發真相的調查研究才剛剛開始，牽涉到鹹水沼澤、海灣，以及出海口的魚類。

不可避免的是，隨著新出產的有機殺蟲劑逐漸普及，魚類所受到的損害，將會愈形嚴重。現代殺蟲劑含大量的氯化碳氫化合物，而魚類對此又特別敏感，將數百萬噸毒藥灑在地面上，勢必有些會進入在陸地與海洋無止境的水循環裡。另一段關於魚死亡的報導，有些相當嚴重，也相當普遍，以致美國公共衛生局特別設立一個單位，來收集各州魚類死亡的報告，作為水質汙染的指標。

這個問題關係到許許多多的人，有兩千五百萬的美國人把釣魚當作主要的娛樂，另有一千五百萬人偶爾也會釣釣魚。這些人每年花三十億美元在釣照、漁具、船隻、露營裝備、汽油及住宿上面，任何妨害釣魚的因素，將會擴及到許多人的商業利益；

漁業就是這種商業利益的其中一種，更重要的是，這影響日常食物的來源。內陸和沿海漁場（含出海捕魚）每年的漁獲量估計有三十億磅，然而如我們所看到的，殺蟲劑侵入溪流、湖泊、河流與海灣，已對娛樂性及商業性漁業造成重大威脅。

殺蟲劑對魚類的迫害，到處都可以見到。例如：在加州，因為使用地特靈去管制水稻潛葉蟲，結果損失了六萬多條魚，大部分是藍鰓日鱸與其他種日鱸。在路易斯安那州，因為在蔗田使用茵特靈，單在一九六〇年就有三十多件魚類損失慘重的案例。在賓州，因為在果園使用茵特靈對付老鼠，使得大量魚類死亡。在西部平原高地，使用克羅丹管制蝗蟲，造成許多河流的魚死掉。

可能在所有農業的昆蟲防治計畫中，規模最龐大的，便是美國南方為管制火蟻，而噴灑了幾百萬英畝的田地，主要使用的化學藥品是飛布達，其對魚類的毒性略低於DDT；另一種毒死火蟻的藥物是地特靈，其對水生生物的毒害是記錄甚詳的，而茵特靈與托殺芬，對魚類的危險性更大。

所有管制火蟻的地區，無論噴灑的是飛布達或地特靈，對水生生物都造成慘重的後果，為使大家了解狀況，以下引用的，是調查損失情形的生物學家所寫的報告片段——從德州「雖盡力保護，水生生物還是損失慘重。」「所有灑過藥的水域，都有死魚，」「死的魚很多，且持續出現達三個多星期。」到阿拉巴馬州，「噴藥後幾天內，大部分的成魚都死了，」「間歇河和水量稀少的溪流，魚好像全都死光了。」

在路易斯安那州，農民抱怨魚塘受到損失。有一條運河，在不到四分之一英哩長的河岸或水面上，有五百條死魚躺著或漂浮在裡頭。在另一個地方，活的日鱸不到三十分之一，另外有五種魚類顯然都死光了。

在佛羅里達州，噴藥區池塘的魚，含有飛布達的殘餘及其衍生物——飛布達艾撲殺。這些魚包括日鱸及鱸魚，都是釣魚人士最喜歡的種類，也是餐桌上常見的食物。然而這些魚體內卻含有化學藥品，就算含量很低，食品與藥物管理局也視為非常危險，不適合食用。

由於受毒害的魚類、蛙類及其他水生生物的情況太過嚴重，美國魚類與爬蟲類學會——一個很受尊敬的科學組織，專門研究魚類、爬蟲類，以及兩棲類——於一九五八年通過議案，要求農業局及州屬有關機構，「趁無法彌補的損害發生之前，停止從空中噴灑飛布達、地特靈，以及同類相關藥品。」該學會特別要人們注意棲息在美國東南方種類繁多的魚類及其他生物，尤其是世上其他地方找不到的幾個種類，該學會警告說：「這些動物有很多生存的範圍很小，因此很容易就會被完全滅絕。」

此外，使用殺蟲劑對抗棉花田的昆蟲，也使得南方各州的魚類受到嚴重的損害。一九五〇年夏天是阿拉巴馬州北部種植棉花區的災難季節，在那年之前，人們只用有限劑量的有機殺蟲劑毒殺棉花象鼻蟲。但是在一九五〇年，由於連續幾年冬天氣候都很溫暖，致使象鼻蟲數增加。據估計，大約有百分之八十到九十五的農人，被地方政府機關慫恿使用殺蟲劑。最受歡迎的是托殺芬，這是對魚類毒性最強的一種化學物質。

那年夏天經常下雨，且雨量很大，把殺蟲劑都沖到溪水中，使農人又下更多殺蟲劑，那年每英畝棉田平均用掉六十三磅托殺芬，有的農人用量高達每英畝兩百磅；更有一位格外狂熱，每英畝用掉五百多磅。

後果是可預見的，火石溪（Flint Creek）的遭遇就是這地區典型的代表，這條溪在阿拉巴馬州的棉田流過五十英哩後，進入懷勒水庫（Wheeler Reseruoir）。在八月一日，傾盆大雨落入火石溪，同時，雨水也落入棉花田，形成小池、細流，最後氾濫成災，大水流入溪水中，使火石溪水位上升六英吋。隔天清晨，跡象顯示除了水以外，還有其他物質流入溪中，魚兒在水面漫無目的地兜圈子，偶爾有幾隻會跳上岸邊，捉牠們非常容易，有個農人捉了幾條，放入泉水池。在純水中，有幾條回復過來，但是在溪流中，整天都有死魚漂浮。這只是前奏而已，因為每一次下雨就有更多殺蟲劑沖入溪水中，殺死更多的魚。八月十日的雨水使溪中的魚大量死亡，以致存活的已經不多，到了八月十五日雨水又把毒藥沖刷入溪水中時，再被毒死的魚已所剩無幾。把養金魚的籠子放入溪水中，金魚不到一天便死掉，證實溪中含有毒死魚類的化學物質。

火石溪遭厄運的魚，包括許多釣魚人士喜愛的白莓鱸，火石溪流入的懷勒水庫，也使眾多的鱸魚和日鱸死亡。其他種類的魚損失也很大，包括鯉魚、牛脂鯉、石首魚、鯀魚，及鯰魚。這些魚沒有一隻有染病的跡象，只有死前反常的動作，及魚鰓呈怪異的深紫色。

在農場水池附近噴藥，對魚類的危險可能更大，很多例子顯示，毒物是由雨水和鄰近土地的流水帶進來的。有時，不僅受汙染的污水引進毒物，池塘也可能直接受到噴灑，因為飛行員在飛越池塘時不知道要把噴藥管關掉。就算沒有這類直接噴灑的情形，單是平常農業上的用量，就比能殺死魚類的劑量高出許多；換句話說，就算大大減低用量，對魚類也無幫助，因為只要池塘中每英畝超過零點一磅的劑量，就有危險，而毒品一進入水中，就難以去除。有個池塘曾被施放ＤＤＴ以去除不要的小銀魚，但經多次換水後，仍舊把其後飼養的日鱸毒死了百分之九十四，顯然化學藥劑仍然留在池底的泥巴裡。

目前的情況並不比剛開始用現代殺蟲劑時好多少。奧克拉荷馬州的野生生物保育局指出：「有關農場小池及小湖魚類死亡的案例，以前是每週至少一樁，而這種案子現在卻愈來愈多，主要原因，都是這幾年一再重複發生的現象——施放農藥，大雨再把農藥沖到池塘中。」

世界上有些地區的池塘養的魚於他們而言是不可或缺的食物。在這些地區，使用殺蟲劑而未考慮到對魚的傷害，馬上就會造成問題。例如：羅德西亞*有一種重要的食用魚，叫做加夫亞鯛魚（Kafue bream）。這種魚在淺水池中一接觸到0.04 ppm的DDT就全部死光，而其他更低劑量的殺蟲劑，也能毒死這些魚。牠們所生存的淺水池，是蚊子著生的溫床；要控制蚊子的數量，又要保全中非洲的主要食物來源——加夫亞鯛魚，顯然還未有令人滿意的解決辦法。

在菲律賓、中國、越南、泰國、印尼及印度的虱目魚養殖，也面臨類似的問題。虱目魚都養在這些國家沿岸的淺水池中，小魚群會突然出現在沿岸海水中（沒有人知道從哪裡來），人們就把牠們網起來，放入池塘中，讓牠們長大。這些魚是東南亞及

*編按：辛巴威之舊稱，位於非洲中南部。

印度數百萬以米為主食的人重要的動物性蛋白質來源，所以太平洋科學會曾建議國際組織協力尋找未為人所知的產卵地，以大規模養育這些魚，然而，噴藥已讓現有的池塘受到巨大的損失。在菲律賓，為殺滅蚊子而施放殺蟲劑，已使池塘的養殖者損失慘重。有一個池塘養有十二萬虱目魚，在噴藥機噴灑過後，死了一大半，池主雖竭力換水，稀釋毒素，也是徒然。

近年來場面最壯觀的魚群暴斃事件，是一九六一年發生在德州奧斯汀下游的科羅拉多河。在一月十五日星期日天剛亮沒多久，有死魚出現在奧斯汀的新城湖（New Town Lake）以及離湖五英哩遠的河中，這在以前從未發生過。顯然有一批毒性物質流入河水中，到了一月二十一日，湖的下游一百英哩，靠近拉格蘭鎮（La Grange）的地方，也有死魚出現，一個星期之後，毒物已流到奧斯汀下游二百碼的地方施展威力了。在一月的最後一星期，水閘便已關閉，使毒水不致於流入馬達哥達灣（Matagorda Bay），而改流向墨西哥灣。

同時，奧斯汀的調查人員注意到，有一股類似克羅丹與托殺芬的味道，而從某一排水管排出來的污水味道特別強烈，過去這個排水管就曾因工業廢水而引起麻煩。當德州漁獵管理局沿著水管追蹤時，發現有六氯化苯的氣味從一家化學工廠出來，這家工廠的主要產品是ＤＤＴ、六氯化苯、克羅丹、托殺芬，以及少量其他殺蟲劑。工廠的經理承認，最近曾把一些粉狀殺蟲劑沖入下水道，而且，更嚴重的是，他表示在過去十年中，像這樣把殺蟲劑沖入下水道是常有的事。

經過漁獵局人員進一步追蹤調查後發現，其他工廠亦會在雨水沖刷或一般清潔用水的排放下，把殺蟲劑沖入下水道。最後謎底解開，原來在死魚出現前幾天，有人用數百萬加侖的水以高壓沖入下水道，以清除整個水道系統的殘餘藥物，毫無疑問地，這一沖就把累積在砂礫、細沙和碎石中的殺蟲劑沖洗出來，讓水流帶進湖中，以及河水中。化學試驗證實，河水中果然含有殺蟲劑。

隨著致命的物質順著科羅拉多河漂下，死亡也跟隨其中。距湖下游一百四十英哩以內的魚，幾乎全被毒死，用拖網網魚以調查有多少魚倖存時，網內是空的，死魚有二十七種，每一英哩河岸大約有一千磅死魚。其中有主要的釣遊魚種河鯰，以及藍鯰魚、平頭鯰魚、大頭鯰魚、四種日鱸、小銀魚、黃尾鱗魚、大口鱸魚、鯉魚、鯔魚、胭脂鯉、鰻魚、雀鱔及鯨魚等。從死魚的大小來看，有些可能年歲已高，是河裡魚族的大家長；當地人在河邊撿的魚中，有的平頭鯰魚超過二十五磅，還有六十磅的，更有一條巨大的藍鯰魚，官方記錄是八十四磅。

漁獵管理局推測，即使沒有進一步的汙染，河裡魚類的族群數量也可能會一直改變。有些只在天然棲所生存的種類，可能再也繁殖不起來；而有些只能靠州政府努力的培養，才能再度繁衍。

奧斯汀這些魚類的遭遇，想必還會有後續的災難。攙有毒素的河水，在下行三百英哩後仍有致死的威力，因此認為太過危險，不容流入有蝦、蠔繁殖場的馬達哥達灣。所以所有含毒素的水，都被引入開放的墨西哥灣。其後果會是如何？如果其他二十幾條河流也帶著同樣致命的毒素流到墨西哥灣，又會有什麼後果？

目前，我們對這些問題的解答僅止於猜測，但河口、鹹水沼澤、海灣及其他沿岸水域的殺蟲劑汙染問題，卻令人愈來愈擔心。這些地區不只接收了受汙染的河水，本身也往往因防治蚊子或其他昆蟲而直接噴灑藥物。

殺蟲劑對鹹水沼澤、河口，及一切小海灣的影響，沒有一個地方比佛羅里達州東岸的印第安河村更嚴重的了。在一九五二年春季，聖路斯郡為了消滅舞蠅的幼蟲，而在兩千多英畝的鹹水沼澤內施放地特靈，所用的濃度是每英畝一磅；結果對水生生物造成很嚴重的影響。州政府衛生局的昆蟲研究中心調查噴灑結果後，在報告上說：魚類被毒死得「相當完全」。海岸上到處都是死魚，從空中可以看到鯊魚被垂死的魚所吸引，而往海岸行進。沒有一種魚得以倖免，其中包括鯔魚、婢鱸、銀鱸及大肚魚。

調查小組的哈靈頓（R. W. Harrington, Jr.）及碧林．馬耶（W. L. Bidling Mayer）在報告中寫道：「除了印第安河岸，整個沼澤猝死的魚至少有二十到三十噸，大約有一百一十七萬五千條魚，其中至少有三十種不同種類的魚。

地特靈對軟體動物似乎沒有影響，但是甲殼類動物的確全被消滅了，水棲性蟹類顯然也遭滅絕，只剩下招潮蟹在沼澤小塊區域暫時苟延殘喘，顯然這些區域是噴灑藥物漏掉的地方。

比較大的魚死得最快。蟹類攻擊那些奄奄一息的魚，不過隔天牠們自己也死了。蝸牛不斷啃食死魚，兩星期後，橫屍遍地的死魚已然不見任何蹤跡。」

已故的米爾斯博士（Herbert R. Mills）觀察佛羅里達州西岸的譚帕灣時，也作同樣沈痛的描述。國家奧杜邦學會在當地設有一處海鳥保護區，包括威士忌史坦基（Whiskey Stump Key）一區。在當地衛生局實施計畫撲滅鹹水蚊子之後，該保護區竟然成了可悲的收容所，同樣的，魚、蟹類是主要的犧牲品；小巧美麗的招潮蟹常像吃草的牛群一樣，成群結隊地越過泥地或沙地，這時全然沒有抵抗噴藥的能力。經過夏、秋季幾次連續噴藥後（有些地區噴藥次數多達十六次），米爾斯博士如此總結招潮蟹的下場：「這回招潮蟹的數量減少得非常明顯。按這一天（十月十二日）的潮汐及天候狀況，本來應該有十萬隻左右的招潮蟹出現的，海灘上看到的卻不到一百隻，而那些不是死就是病，不斷顫抖、抽搐、跌倒，幾乎不能爬行，但鄰近沒有噴藥的地方，仍有許多招潮蟹。」

招潮蟹在生態界是不可或缺、無法遞補的。牠們是許多動物重要的食物，海岸的浣熊、生活在沼澤地的鳥，如秧雞等，甚至遠地飛來的海鳥，都以牠們為食。紐澤西州一鹹水沼澤在噴過DDT後，笑鷗的數量在數週內減少百分之八十五，想必是因為找不到食物之故。招潮蟹在其他方面也很重要，牠們吃動物腐肉，且會在泥地鑽來鑽去，使沼澤通氣。同時，牠們也是釣魚人士不虞匱乏的魚餌。

在沼澤和河口遭受殺蟲劑威脅的生物，不僅僅是招潮蟹，其他對人類有比較明顯重要性的生物也有危險。卻沙比克灣及其他大西洋沿岸地區著名的藍蟹，就是個例子。這種蟹對殺蟲劑非常敏感，凡在溪流、溝渠及沼澤地帶的池塘噴藥，就會把在那裡棲息的大部分藍蟹殺死。不只當地的藍蟹死掉，其他從海洋進入噴藥區的生物也會被毒死。有時中毒是間接的，如在印第安河附近的沼澤，蟹若吃了瀕死的魚，很快也會中毒，至於對龍蝦的危害，知道的並不多，不過，龍蝦和藍蟹同屬節肢動物，必然有一樣的生理結構，所以應會受到同樣的影響。至於石蟹或其他甲殼類動物等對人類有直接經濟價值的動物，也是一樣。

沿岸的水域，如海灣、河口及潮水形成的沼澤等，形成一個非常重要的生態系統，和許多魚類、軟體動物及甲殼類動物也是密不可分，如果這些區域不再適合棲息，這些海產食物也會從我們的餐桌上消失。

即使在海中生活的魚類，很多還是仰賴沿岸水域，作為幼魚生長、取食的地方。佛羅里達州西海岸南方三分之一處，密布紅樹林的溪流與運河中，就有為數不少的海鰱幼魚。大西洋海岸上紐約以南海岸外的海島，形成一條像保護鏈似的形狀，褐鱒、鯢魚、石首魚就在這些海島的淺灘處產卵，孵出的小魚，就由潮水帶到海灣。在海灣中，幼魚因豐富的食物而迅速長大，若沒有這些溫暖、具保護作用，且食物豐富的地方，這些魚及其他種類的魚將無法維持族群數量。然而，我們卻讓殺蟲劑藉著河水及直接噴灑進入牠們的體內，而這些幼魚對化學藥品又比成魚敏感。

小蝦也得依賴沿岸水域取食，光是一個品種，只要產量豐富，繁殖範圍廣泛，就能因應大西洋南部及墨西哥灣各州整個商業漁場之需。小蝦在海中孵化，約在幾個星期之內就進入河口及海灣，進行一連串的蛻變。牠們從五、六月一直待到秋天，以水底的碎屑為生，在這段過程中，蝦的繁殖及其相關工業的興盛，就看河口的條件適不適合小蝦的生存。

殺蟲劑對捕蝦業及其市場有威脅嗎？也許從美國商務漁業局最近的實驗就能得到答案。剛剛過完幼蝦階段的小蝦，對殺蟲劑的抗藥性非常小——單位不能用一般的ppm（百萬分之一），而要用ppb（十億分之一）來計算。例如：在一個實驗中，濃度僅15 ppb的地特靈就能毒死半數的蝦，其他化學藥品毒性甚至更強，茵特靈只要0.1 ppb就把半數的蝦毒死了。

同樣地，幼蠔和幼蚌最容易受害。這些軟體動物的分布於新英格蘭到德州的海灣、河域，以及太平洋海岸地區。雖然牠們在成年後不大活動，產在海裡的卵孵化後卻有好幾個星期自由自在地活動；夏日在船後施曳細網，除了浮游的動物外，還可以網到細小、如玻璃般脆弱的幼蠔與幼蚌。這些透明，比砂粒大不了多少的小東西在水面上游泳，以微小的植物為食。若無這些植物，幼蠔和幼蚌便會餓死。但殺蟲劑可能會大幅消滅這種浮游植物，一般用在草坪、農耕地、馬路旁，甚至海岸沼澤的除草劑，對植物性浮游生物的毒性極為強烈，有些只需用到極少劑量的ppb。

至於小軟體動物，則僅需極小量常見的殺蟲劑就能把牠們殺死。就算接觸的量不會立即致死，最後也是會導致死亡，因為無可避免的，牠們的成長會受到阻礙，成長期一延長，就得在受到汙染的浮游世界停留更久，因而減低活到成年的機率。

就成年的軟體動物而言，直接中毒的危險性顯然比較小，至少就某些殺蟲劑而言是這樣，但我們不見得就能因而心安。蠔、蚌類可能會在消化器官與其他組織中聚積毒物，這兩種貝類動物人們通常都整個吃進去，有時甚至生吃。商務漁業局的貝勒博士（Dr.Philip Butler）指出，我們可能有著與知更鳥一樣的處境。他提醒我們，知更鳥並不是直接被ＤＤＴ毒死，而是吃了體內積聚有ＤＤＴ的蚯蚓。

為了防治昆蟲而直接導致數以千計的魚類或貝類動物死亡，實在令人觸目驚心，殺蟲劑從溪流及河川間接進入河口，可能造成的後果雖然還未為人所知，但最後可能會帶來更大的災難，目前整個情況問題重重，而無令人滿意的答案。我們知道從農場和森林流出含有殺蟲劑的污水，或許正由所有的主要河川帶進海中，但是我們並不知道其中所含有的化學物品，也不知其總量。同時，我們目前也無可靠的方法，也未曾在海中已高度稀釋的狀況下，檢驗這些化學品。雖然我們知道在漫長的水流行進過程中，化學藥品必然產生變化，但是我們並不知道這變化會使化學藥品毒性更強或減弱；另一個還沒有人探討的問題是化學藥品之間的反應，這些物質進入海洋後，會和許許多多礦物質混合，此時，問題就顯得更刻不容緩了，唯有詳盡的研究，才能有確實的答案，但這方面的研究經費，卻少得可憐。

淡水和鹹水漁場都是重要的資源，牽涉到許多人的利益和福祉，但是現在卻嚴重受到化學藥品的威脅，這已是毋庸置疑的事實，如果每年花在開發毒性更強的化學藥品上的經費，能有一小部分轉挪用在建設性的研究上，我們就能用較不危險的物質，使水道不再受到汙染。社會大眾要到什麼時候才能充分了解真相，而作如此要求呢？

第 10 章

禍從天降

農業局僱用飛機噴灑DDT，
噴灑了菜園、乳牛牧場、魚池，
以及郊區四分之一畝大的空地；
也把一位家庭主婦淋溼，
更灑向正在玩耍的小孩，以及火車站等車的人。
而一匹優秀的賽馬在剛被噴過藥的馬場上喝水，
十小時後就死了。

最初空中噴藥的規模很小，只限於農地和森林，但現在的範圍與用量已增加很多，以至於英國一位生態學家稱它是落在地表上「驚人的死亡之雨」。我們對毒藥的態度，已有微妙的改變，以前裝毒藥的容器上都有骷髏和兩根大腿骨交叉的標誌，需要用毒藥的機會並不多，偶爾需要用時，就很小心地對準目標施用，而不讓其他東西沾到。自從二次世界大戰之後，新的有機殺蟲劑問世，又有大批戰後剩餘的飛機可供使用，人們就忘了所有對毒藥應有的審慎態度。雖然現今的毒藥比以前任何一種都危險，人們卻肆無忌憚地將之從天空灑下來，在藥物降落的範圍內，不只是昆蟲或植物等噴藥目標，所有一切──人類或非人類，都可能受到毒害，而噴藥的對象不僅是森林和耕地，連市鎮也包括在內。

在空中噴灑致命藥物，動輒數百萬英畝之舉，許多人很不以為然，而一九五〇年代末期的兩次大規模噴藥更增加人們的疑慮。這兩次噴藥的其中一次是美國東北部各州為消滅舞毒蛾而施行的，另一次是為了南方的火蟻。這兩種都是外來的昆蟲，但是來到美國已有很多年，從未肆虐到必須不擇手段消滅牠們的地步，然而，基於美國農業局為達目的可以不顧一切的一貫作風，突然間大家便開始用激烈的手段對付牠們。

從舞毒蛾防治計畫可以看出，未經三思即採用大規模的噴藥對策，而不用溫和、局部處理方式，將造成浩大的損害。至於火蟻防治計畫的根據，是過度誇大其防治的必要性，不知道要消滅目標物所需的劑量，或其對其他生物的副作用，即輕率進行。結果，兩個計畫都沒有達到目的。

舞毒蛾源自歐洲，在美國已近一百年了，在一八六九年，一位法國科學家屠維樂（Leopold Trourelot），在麻州美佛鎮的實驗室中，試圖讓舞毒蛾與蠶雜交，不小心讓幾隻飛離出去，漸漸地，舞毒蛾便遍及整個新英格蘭區，助長牠們擴展的主要因素是風；舞毒蛾幼蟲很輕，可以輕易讓風帶到高而遠的地方；另一擴展的方式是附有蛾卵的植物由人運送至各地，舞毒蛾是以卵的形式過冬的，每年春天其幼蟲有好幾個星期不斷啃食橡樹及其他落葉樹的葉子。除了新英格蘭區，舞毒蛾偶爾也在紐澤西州肆虐，那是於一九一一年隨著荷蘭進口的樅樹進來的，此外，在密西根州也曾發生，但舞毒蛾引進的原因不明。一九三八年新英格蘭區一場颶風，把舞毒蛾帶到賓州和紐約州，由於阿弟隆德山脈（Adirondacks）的阻礙，使牠們無法繼續往西擴張，此外，那裡的樹木種類也不吸引牠們。

經由各種方法，人們已成功地把舞毒蛾限制在美國東北部的角落地區，近一百年間，打從舞毒蛾進入美洲，大家就擔心牠們會侵入阿帕拉契山南方的落葉森林，但是這種事並未發生。新英格蘭區已從外國引進十三種寄生蟲和捕食舞毒蛾的昆蟲，而這些昆蟲也都在新英格蘭繁殖得很好。美國農業局本身就是此策略的功臣，成功地降低舞毒蛾為害的程度與頻率。這種天然防治法，再加上海關檢疫措施與局部噴藥，已達到農業局一九五五年所稱「大大限制了舞毒蛾的擴張與危害程度」。

然而，對狀況表示滿意不到一年，農業局的植物病蟲害防治處就展開另一個計畫，每年要噴灑數百萬英畝地，以「根除」*舞毒蛾。

農業局一開始是野心勃勃地對舞毒蛾發動化學戰，在一九五六年，賓州、紐澤西州、密西根州與紐約州噴灑了將近一百萬英畝的地。很多噴藥區內的人提出受損的控訴，當如此大規模噴藥一再發生時，生物保育人士便開始憂心了。一九五七年，該局宣布即將噴灑三百萬英畝地，反對聲浪便大為提高，州政府與聯邦政府官員一致對人民的抱怨不屑一顧，覺得私人意見不值一提。

長島是一九五七年噴藥地區的一部分，區內主要是人口密度高的市鎮、郊區，以及為鹹水沼澤所包圍的海岸區。長島的納蘇郡（Nassau），是紐約州除紐約市外人口密度最高的郡，極荒謬的是，「紐約市中心舞毒蛾為害」，竟被視為施行噴藥的重要理由。舞毒蛾是森林的昆蟲，當然不會住在都市裡，也不會住在草地、耕地、花園或

*編按：「根除」的意思是，把所有舞毒蛾徹底地消滅。但連續好幾個計畫都失敗，使得農業局不得不考慮在同一地區一而再，再而三地噴藥以「根除」舞毒蛾。

沼澤裡，然而，美國農業局和紐約農業與市場局於一九五七年，僱用飛機，在噴藥範圍一概灑下融於機油的DDT。他們噴灑了菜園、乳牛牧場、魚池和鹹水沼澤，以及郊區四分之一畝大的空地；也把一位家庭主婦淋溼，因她正忙著在呼嘯的飛機到來前把她的花園蓋起來；又把DDT灑向正在玩耍的小孩，及火車站等車的人。在施杜基（Setauket），一匹優秀的賽馬在剛被噴過藥的馬場上喝水，十小時後就死了；汽車上濺滿點點油漬，花木都被破壞，鳥類、魚類、螃蟹，以及益蟲也都死了。

世界聞名的鳥類學家墨菲（Robert Cushman Murphy），率領一群長島居民請求法院頒布禁令，阻止一九五七年的噴藥計畫。起先法院拒絕，使得居民必須蒙受DDT帶來的禍害，但居民仍堅持一再請願，要求永久的禁令。由於計畫已經執行，法院判決請願「無實質意義」*。這案子一直上訴到最高法院，但仍被拒絕處理。法官道格拉斯（William O. Douglas）對法院不聽審這件案子表示強烈質疑，他認為「許多專家與負責官員都對DDT的危險提出警告，加強了本案對大眾的重要性。」

長島居民的請願案，至少使大眾注意到殺蟲劑有遭到濫用的趨勢，也使他們知道，政府官員的權力很容易侵犯到人民的財產權。

在防治舞毒蛾的過程中，牛奶和農產品受到汙染，倒是很多人沒有想到的。紐約

*編按：案件問題已過時而無實質意義。

州威卻士達郡北部，有個兩百英畝大的華勒農場，從當地所發生的事，我們可略知一二。華勒太太特別要求農業局官員不要噴灑她的土地，但是噴灑林地就不可能不噴到牧場，她自願檢查看看有無舞毒蛾，並用局部噴灑方式消滅牠們。雖然農業局向她保證不會噴到她的農場，她的土地還是受到兩次直接的噴藥，此外還有兩次噴藥方向從鄰近地區飄散過來。四十八小時之後，從華勒農場純種古爾尼西乳牛（Guernsey）所取的牛奶樣本中，發現含有14 ppm的DDT；乳牛所吃的牧草，當然也受到汙染，雖然已知會郡衛生局，但是牛奶並未被禁止出售，這種對消費者毫無保障的情況，實在太過普遍。縱然食物與藥品管理局規定牛奶中不准含有殺蟲劑殘餘，卻未嚴厲執行，而且此規定只限於跨州買賣的貨品，州與郡政府官員不必強制執行聯邦政府對殺蟲劑訂立的規定，除非當地設有相關法規，而這是不常有的事。

菜農也受到波及。有些菜葉上出現焦黑的斑點，無法拿到市場銷售，有些蔬菜含高濃度的殘餘；康乃爾大學的農業試驗所查驗青豆樣本時，發現含有14-20 ppm的DDT，法定最高濃度是7 ppm，因此，菜農得蒙受重大損失，或者非法把這些含高劑量殘餘的菜賣出去，有些人則控告政府，要求賠償。

隨著空中噴灑DDT的次數增加，控告政府的案件也愈來愈多。其中有一些是紐約州許多地區的養蜂業者提出的。即使在一九五七年噴藥之前，養蜂業者就已因果園噴灑ＤＤＴ而受到重大損失。一位養蜂業者語帶辛酸地說：「到一九五三年為止，美國農業局和農學院發布的一切，我都當福音看待。」但是那年五月，州政府噴灑一大片區域後，他損失了八百箱蜜蜂，由於損失太過慘重，且牽涉範圍太大，另有十四位養蜂業者和他聯合控告州政府，要求賠償二十五萬美元。另一位業者，在一九五七年噴藥時，他損失了四百箱蜜蜂，工蜂在林區採集花蜜時被消滅得一乾二淨，而在農耕地則因噴藥次數較少，損失近百分之五十。他寫道：「五月天走到後院，卻聽不到蜜蜂嗡嗡叫，實在是令人非常難過的事。」

噴灑舞毒蛾的計畫在許多方面，都顯得行事太不負責任，由於飛機是按藥量計酬而非面積，所以噴藥時沒想到要節省，且很多私人土地還被噴了不止一次；有一次州政府還讓別州的公司接下合約噴藥，沒有本地的住址，這是不合法律規定的，以至於蘋果園或養蜂場大受損失的業者發現沒有人可以提出申告。

經過一九五七年慘痛的噴藥事件後，這計畫突然中斷，官方只含糊宣稱為了「衡量」噴藥結果，並試用他種殺蟲劑。一九五七年共噴灑了三百五十萬英畝地，到一九五八年減至五十萬英畝，而到一九五九、一九六〇與一九六一年更降到十萬英畝。在這一段期間，防治單位一定對長島傳來的消息感到不安，因為大量舞毒蛾又出現了。防治舞毒蛾的計畫，為的是要把所有舞毒蛾永久性地一舉消滅，結果不但使大眾對政府失去信心，實際上也什麼目的都沒達成。

就在這時候，農業局的植物病蟲害防治人員已暫時忘卻舞毒蛾，而正野心勃勃地在南方展開另一個計畫。這些人還是常把「根除」這個字掛在嘴上；而這回向新聞界應許的，是要根除火蟻。

火蟻之所以如此讓人反感，是因為被牠們咬到會感到如灼燒般的刺痛，牠們自南美洲進入美國，似乎是經由阿拉巴馬州的莫泊港（mobile）侵入。二次世界大戰後沒多久，就有人在那裡發現火蟻，到一九二八年，已擴展到莫泊港郊區，之後又繼續擴張，目前已侵入南方各州大部分地區。

火蟻進入美國的四十幾年以來，大部分時間都沒有人注意到牠們，火蟻數量最多的幾州之所以不喜歡牠們，主要是因為牠們會建造一呎多高的大蟻塚，妨礙農機的運行，但只有兩州將之列為二十大重要害蟲之一，且其排名也是墊後的。似乎沒有人認為火蟻對農作物或家畜有危害。

隨著化學藥品的發展，其強力的毒性使政府官員對火蟻的態度產生大轉變。於一九五七年，美國農業局向大眾發動一個前所未有的宣傳活動，火蟻突然間變成眾矢之的，官方發布的文件、電影及政令宣傳，譴責火蟻破壞南方的農業，殺害鳥類、家畜及人類。於是聯邦政府與各州政府聯合宣布推動一個大計畫，將在南方九個州噴灑二千萬英畝的地。

一份商業雜誌在一九五八年，火蟻計畫開始進行後興高采烈地報導道：「美國的殺蟲劑製造業顯然大走鴻運；美國農業局進行愈來愈多大規模的害蟲防治計畫，業者從中穩可大賺一筆。」

除了走鴻運的廠商外，每一個人都異口同聲嚴厲譴責這個計畫，而此計畫也真是罪有應得。這是個計畫不周、執行不當、大規模防治蟲害徹底失敗的標準例子，耗費大筆資金，嚴重破壞動物生命與棲所，同時又失去大眾對農業局的信心，很難想像還會有經費撥給他們使用。

國會一開始之所以會支持計畫，是因為聽信不可靠的證詞。人們說火蟻對南方農業構成嚴重威脅，因為牠們會破壞農作物；對野生生物有害，因為牠們會攻擊平地上鳥巢中的小鳥，此外，被火蟻咬到會嚴重影響健康。

究竟這些說詞有多正確？農業局要求撥款的證詞，和其出版的主要刊物說法並不吻合。一九五七年出版的小冊子「建議採用殺蟲劑……以防治有害農作物與家畜的昆蟲」裡，並未提到火蟻；如果農業局相信自己的宣傳，這種遺漏就太不尋常了。此外，其一九五二年的年鑑雖以昆蟲為主題，全本約五十萬字中卻僅存一小段文字提到火蟻。

阿拉巴馬州的農業試驗所對火蟻有最審慎的研究，其結果與農業局所宣稱的大相逕庭。據科學家表示，火蟻「對植物的破壞一般而言並不常見。」阿拉巴馬州工學院的昆蟲學家，也是美國昆蟲學會一九六一年的會長亞蘭博士（L.S.Arant）表示他的系所「在過去五年中從未聽過火蟻破壞植物的事……也沒有人看過火蟻傷害家畜。」這些研究人員確實在野外及實驗室觀察火蟻，他們說火蟻吃很多種類的昆蟲，其中有很多是害蟲，有人看過火蟻在運送棉花象鼻蟲的幼蟲，牠們建蟻塚的活動，也有助於土壤通氣與排水。阿拉巴馬州的研究，已為密西西比州立大學的調查結果所證實，這比農業局的證據要可信得多。後者的證據顯然來自老舊的研究結果，或是與農人談話得來，這些農人可能很容易就把火蟻和其他種螞蟻搞混。有些昆蟲學家相信，火蟻數量在增加以後，可能所吃的食物會有些改變，因此幾十年前的觀察，現已沒什麼價值。

火蟻對健康有害，或有致命危險的說法，也應有相當的修正。有一部農業局贊助的宣傳電影（為了爭取經費），針對火蟻會叮人而大作文章，作為恐怖場景的主題。當然被火蟻叮到是很痛的，所以要盡量避免，就好像避免被蜜蜂螫一樣。體質特別敏感的人，有時會有嚴重的反應，醫學文獻記錄中可能有一個因火蟻咬傷中毒而死的案例，不過並無確切的證據；相反的，據統計資料顯示，單是在一九五九年因蜂螫而死的就有三十三人；然而，並沒有人提出要「根除」這種昆蟲。火蟻在阿拉巴馬州已有四十年，且其密度在此州也是全美最高的，但州衛生局官員公開表示：「在阿拉巴馬州從未有人因被火蟻咬傷而死的記錄。」他們並認為火蟻咬傷而產生併發症的例子只是「偶然」，並不常發生。草坪或操場上的蟻塚，可能使小孩有被咬的機會，但這並不構成可用毒藥噴灑數百萬英畝地的藉口，這種情形，只消一個個把蟻塚清除就行了。

火蟻對鳥類有害的說法，也是沒有根據的。對這件事最有資格說話的，當推阿拉巴馬州野生生物研究中心的領導人貝克博士（Maurice F. Baker）。他在研究中心的所在地奧本（Auburn）已有多年的研究經驗。但他的看法和農業局的完全相反。他表示：「在阿拉巴馬州南部與佛羅里達州西北部，外來的火蟻數量很多，但鵪鶉的數量也都很高，未受火蟻的影響……阿拉巴馬州有火蟻的這近四十年間，獵物的數量一直都穩定地不斷增加。如果火蟻對野生生物有害，這種情形自然不可能會發生。」

至於因為用殺蟲劑對付火蟻而使得野生生物蒙受其害，則是另一碼事了。人們所用的殺蟲劑是地特靈和飛布達，二者都是新產品，既無實地使用的經驗，也沒有人知道大量使用對野鳥、魚類及哺乳類會有什麼影響，不過有一點是確定的，那就是這兩種毒藥的毒性都比ＤＤＴ強好幾倍。那時候人們用ＤＤＴ已用了將近十年，也知道每英畝一磅的低劑量就足以殺死鳥類和魚類；然而，地特靈和飛布達的用量卻更高，大部分情況下是每英畝兩磅；如果也要防治甲蟲，就用每英畝三磅的地特靈，這樣的劑量對鳥類來說，飛布達方面相當於每英畝二十磅的ＤＤＴ，而地特靈則相當於一百二十磅。

美國國立與大部分州立保育機構、生態學家，甚至有些昆蟲學家，緊急向當時的農業局局長班遜（Ezra Bensen）提出抗議，要求暫緩噴藥計畫，直到查明飛布達與地特靈對野生動物與家畜的影響，以及防治火蟻所需的最低劑量後才實施。結果抗議無效，計畫於一九五八年實施，第一年噴灑了一百萬英畝地，顯然此後的任何研究都只能在死寂的自然環境中進行。

隨著計畫的進行，聯邦與州政府機構以及許多大學院校的生物學家便陸續發現，噴藥地區的野生動物受到程度不等的傷害，甚至有完全被消滅的現象。家禽、家畜及家庭寵物也被毒死，但農業局認為所有證據都是誇大扭曲的說詞而一笑置之。

然而，這些證據累積愈來愈多，例如：在德州的哈定郡（Hardin），北美負鼠、犰狳及許許多多的浣熊幾乎在噴藥後完全消失，就算在噴藥後第二年秋天，還是很少有這些動物的蹤跡。在該區發現的幾隻浣熊，體內皆含化學殘餘。而且經化學分析，死鳥體內亦含對付火蟻所用的毒藥（數量不受影響的，唯有麻雀，在其他地方也證實麻雀似乎對化學藥物相當具抵抗力）。阿拉巴馬州有個地方，於一九五九年噴藥後，有一半的鳥死去，在地面或矮樹上活動的種類，則無一倖存，即使一年之後的春天，既無鳥鳴歌唱，適合鳥兒築巢的地帶也寂然無聲。在德州，有黑鶇、黑喉麻雀及草地鷚死於巢中，而有許多鳥巢是空的。魚類與野生生物管理局分析自德州、路易斯安那州、阿拉巴馬州、喬治亞州及佛羅里達州送來的死鳥樣本後，發現百分之九十以上都含有地特靈或飛布達的殘餘，含量高達38 ppm。

在路易斯安那州過冬，但在北方繁殖的山鷸，現在體內都殘留些對付火蟻的毒藥。毒藥的來源，再明顯不過，山鷸用牠們的長嘴喙抓蚯蚓吃，而蚯蚓等於是牠們的主食。路易斯安那州還活著的蚯蚓，在噴藥後六到十個月中，發現含有20 ppm的飛布達；一年後，仍含有10 ppm。雖不致使山鷸死亡的劑量，卻導致幼鳥數量大幅減少，這是在噴藥後的繁殖季節才開始發生的情形。

對南方愛好打獵的人而言，最讓人不安的，是有關鵪鶉的消息。這種在地面築巢、覓食的鳥，在噴藥區幾乎全遭滅絕。例如：阿拉巴馬州的野生生物研究中心在預定實施噴藥的一塊三千六百英畝地，調查鵪鶉的數量，發現有十三群，共一百二十一隻。噴藥後過了兩個星期，看到的鵪鶉都是死的。送往魚類與野生生物局分析的樣本，全部含有分量足以致死的殺蟲劑；德州也發生同樣的事情，一塊兩千五百英畝大的地區，在噴過飛布達後所有鵪鶉全部死掉；同時有百分之九十的鳴禽類亦消失不見，同樣的，死鳥的體內組織中也含有飛布達。

除了鵪鶉之外，野火雞的數量也因火蟻計畫而大為減少。在阿拉巴馬州的威可斯郡（Wicox）內一個地區，噴藥前有八十隻野火雞，噴藥後半隻都看不到，只找到一窩孵不出雛鳥的蛋和一隻已死的小火雞。人們養的火雞可能和野火雞遭到同樣的命運，農場的火雞在噴藥後生殖率也降低，能孵出的蛋很少，且幾乎沒有一隻小火雞存活下來。未噴藥的地區，就沒有這種事發生。

而這種事不只發生在火雞身上，美國最享盛名、最受尊敬的野生生物學家卡坦博士（Clarence Cottam）曾去訪問有農地受到噴藥的農人，除了談到噴藥後「樹上所有的小鳥」似乎都消失以外，這些人大部分都受到家畜、家禽及家庭寵物的損失。卡坦博士提到一個人，「對噴藥工人感到非常憤怒，因為他有十九隻母牛被毒死，以致必須埋葬或處理掉這些死屍，此外他知道另外還有三、四隻母牛也是因中毒而死，甚至只喝牛奶的小牛也死了。」

卡坦博士所訪問的人，對他們的農地在噴藥後發生的事感到很困惑。有位婦人告訴他，她在經過噴藥處理的區域附近飼養母雞，「不知什麼原因，孵出的小雞並不多，能活下來的也很少。」另有一位談到，「噴藥之後他養豬養了整整九個月，卻一隻小豬都沒得到，小豬不是胎死腹中就是出生後就死了。」又有一個農人說，他有三十七隻懷孕母豬，理應有近兩百五十隻小豬出生，然而只有三十一隻是活的；同時，自從噴藥之後，他的雞也就一直養不活。

農業局一直都不承認家畜猝死和防治火蟻計畫有關。不過，喬治亞州班橋（Bainbridge）一位獸醫波特溫醫師（Otis L. Poitevint）在看過許多中毒的動物之後，認為動物死亡和殺蟲劑有關，他的原因如下：噴藥後兩週到數月之間，牛、羊、馬、雞、鳥以及其他野生生物開始罹患神經系統方面致命的疾病。只有接觸過已汙染的食物或水的動物才有問題，養在畜棚內的動物則不受影響，而且唯有噴過毒藥以消滅火蟻的地區，才發生這樣連實驗室檢驗也查不出病因的事。波特溫醫師及其他獸醫所看到的症狀，與地特靈或飛布達的中毒症狀一模一樣。

波特溫博士又提到一件奇怪的個案：一隻兩個月大的小牛，顯出飛布達中毒的症狀，送到實驗室檢驗時，唯一重大的發現就是牠的脂肪含有79 ppm的飛布達，然而飛布達噴灑已過了五個月了，小牛究竟是直接吃草而食入飛布達，或者間接從母奶得來？或甚至在出生前就有了？波特溫博士提出：「若是從牛奶而得，為何沒有人採取預防措施保護小孩，不要喝當地生產的牛奶？」

波特溫博士指出一個嚴重的問題，那就是牛奶的汙染，火蟻防治地區內主要是牧場和農耕地。乳牛吃了那裡生產的牧草會怎樣呢？噴藥地區的牧草，勢必含有飛布達的殘餘；乳牛吃了牧草，毒物必然會在牛奶中出現。飛布達這種由牧草到牛奶的轉移現象，在一九五五年已有實驗證明過，這是早在火蟻防治計畫開始前就有的發現，而不久地特靈也發現了同樣的現象。

現在農業局每年的出版刊物，已把飛布達與地特靈列為使牧草不適產乳動物或屠宰及動物食用的化學藥品，然而該局的防治單位仍在南方大力推行使用飛布達及地特靈噴灑牧地的計畫，誰在保護消費者，確保牛奶中不含地特靈或飛布達的殘餘？美國農業局毫無疑問，一定會回答說，他們已建議乳農在噴藥後二十至九十天內避免讓牛群進入噴藥地區。但是，大部分農場的面積都很小，而噴藥面積卻是相當廣大，而且很多化學藥物都是用飛機噴灑的，所以有多少人真遵照這項建議來做，頗令人懷疑；且藥物殘餘非常持久，政府所建議的期限根本就不切實際。

食品與藥物管理局雖然對牛奶含有藥物殘餘感到不滿，但卻愛莫能助。實施火蟻防治計畫的幾州，牛乳工業規模大部分都很小，產品也不銷往州外，保護乳品的工作，就落在州政府身上。在一九五九年，有人向阿拉巴馬州、路易斯安那州與德州的衛生局及其他相關機構官員詢問這方面的問題，才發現不但沒有人作檢驗，也沒有人知道牛奶裡是否含有農藥的殘餘。

在這期間，倒是有人作了一些有關飛布達性質的研究，但卻是在防治計畫開始推行之後。有人去查已發表的研究結果，發現留在動植物體內組織或土壤中的飛布達，在短時間內會變成一種毒性更強的物質，叫做「飛布達愛撲殺」。愛撲殺通常被解釋為飛布達的「一種氧化物」，早在一九五二年食品與藥物管理局就發現，餵予30 ppm飛布達的雌鼠，兩週後體內就積聚了165 ppm的愛撲殺。

在一九五九年，才有人把這個研究結果從鮮有人知的生物文獻中挖掘出來，而食品與藥物管理局才採取行動，提出食品中不准含飛布達殘餘或其氧化物之規定。這規定使火蟻防治計畫暫時延緩，但是農業局還是繼續為此計畫爭取年度經費。地方性的農業局官員愈來愈不建議農人使用農藥，因為他們的農產品可能無法合法地賣出去。

總之，農業局在推展計畫之前，連基本的調查都沒做；或者，調查是做過了，卻對結果不予理會。他們必定未去探討消滅火蟻的最低劑量是多少，經過三年使用高劑量噴灑後，他們突然間在一九五七年把飛布達的使用量從每英畝兩磅減到一又四分之一磅，之後又改成每英畝二分之一磅，分兩次噴灑，每次四分之一磅，兩次噴灑相隔三到六個月。該局官員解釋說，這種「積極性改良計畫」比較有效。如果在計畫實施前就知道的話，就不會有浩大的損失，納稅人也可省下一大筆錢。

在一九五九年，或許為了平息人民對計畫要求日漸升高的不滿，農業局免費提供殺蟲劑給德州的土地所有人，只要他們簽合約時不向聯邦政府、州政府及地方政府要求賠償。同年，阿拉巴馬州政府對殺蟲劑所造成的損害極為憤怒，而拒絕繼續撥款給這個計畫。據一官員表示：此計畫是「建議失當，構思輕率，策畫拙劣，侵犯公家或私人機構管轄範圍的典例。」雖然州政府停止撥款，聯邦經費仍不斷流向阿拉巴馬州，而一九六一年州政府又被勸服給予少量經費。同時，路易斯安那州的農民愈來愈不願意簽約，因為使用化學藥物對付火蟻顯然使侵害蔗田的昆蟲數量劇增，此外，火蟻防治計畫顯得一無成效。路易斯安那州立大學農業試驗昆蟲研究中心主任紐森博士（L. D. Newsom）在一九六二年春天簡述這可悲的狀況如下：「聯邦與州政府機構所實施的『根除』火蟻計畫，到目前為止完全失敗。在路易斯安那州，有火蟻的土地比計畫開始前還多。」

現在，人們似乎已轉用比較理性，也比較保守的方法。佛羅里達州的火蟻，比計畫開始前為多，該州日前宣布，已全面放棄根絕火蟻的計畫，而改用集中式的局部防治法。

效果佳且費用不高的局部防治法，幾年前就有人知道了。由於火蟻有築土塚的習慣，用化學藥品個別處理土塚是很簡單的事，這種方法每英畝的費用大約是一美元。如果土塚太多，得用機械處理時，可以先用耕耘機把土塚推平，再直接噴灑化學藥品；這是密西西比州農業試驗所發展出來的方法，可以去除百分之九十到九十五的火蟻，而費用每英畝只需兩角三分美元；至於農業局的大規模防治計畫，每英畝大約要用掉三塊半美金，反而是最昂貴、最具破壞力，效果也差的計畫。

第 11 章

如影隨形的惡夢

販賣殺蟲劑的地方，
店裡擺設往往充滿著溫馨、
令人雀躍的氣氛，
沿著走道排滿一排醃黃瓜與橄欖，
旁邊還擺著肥皂與香皂，
然後是一排排的殺蟲劑，
小孩子手摸得到的地方，
就有用玻璃容器裝著的化學藥品。
而這種藥品卻會使噴藥工人抽搐、神經痙攣。

世界受到汙染，不單只是大量噴灑藥物所造成的，事實上，對我們大部分的人來說，更重要的是我們得日復一日、年復一年地頻頻接觸微量的毒藥。就好像小水滴日積月累可以穿透硬石一般，從出生到死亡每天要碰到危險的化學藥品，終有一天會釀成災禍。每一次接觸毒藥，無論劑量有多微小，都更加添累積在體內的化學物質，也提高中毒的可能性。也許沒有人能免於受到這種不斷擴展的汙染，除非住在與世隔絕的環境中，一般人受商人的勸誘哄騙，不知道自己正被致命的物質所包圍，甚至連自己在用毒藥都不知道。

使用毒藥已普遍到任何人走進商店購買，都不會有人微詞。買藥都需要有醫生處方，而買毒性比藥強無數倍的物質，卻輕易得很。對化學藥品有一點基本常識的人，只要到超級市場逛幾分鐘就會感到可怕，就是再勇敢的人也是一樣。

如果販賣殺蟲劑的地方掛有巨幅骷髏與兩根大腿骨交叉的標誌，顧客進去時至少有面對致命物質的心理準備。然而，這種店的擺設往往充滿著溫馨、令人雀躍的氣氛，沿著走道排滿一排醃黃瓜和橄欖，旁邊還擺著肥皂和香皂，然後是一排排的殺蟲劑，小孩子手摸得到的地方，就有用玻璃容器裝著的化學藥品。如果小孩或大人不小心讓容器掉到地上，周圍的每一個人都會被化學物品濺到，而這種物品卻會使噴藥工人抽搐、神經痙攣。當然，買的人就把這些危險帶到家裡去。例如：含有DDT的防蟻藥物容器上印有細小的字體，警告人們罐內藥劑是壓縮的，若碰到高熱或火可能就會爆炸。一般家庭包括廚房常用的殺蟲劑是克羅丹，但食品及藥品檢驗局的藥學部主任已宣布，在房子內噴灑克羅丹是非常危險的；有的家用產品甚至含有毒性更強的地特靈。

廚房用的毒藥，既簡單又吸引人。鋪櫥櫃用的紙，有白的或其他顏色以配合廚房的色調，可能就塗有一層殺蟲劑，不只是一面而是兩面都有。廠商提供說明書，教人如何殺小昆蟲，只要輕輕一按，就可以把地特靈噴霧送入最難接近的地方，如櫥櫃、角落與地板的細縫中。

如果被蚊子、跳蚤或其他昆蟲騷擾，我們就用乳液、藥膏和噴劑等，塗噴在衣服或皮膚上。雖然有警告說這些化學藥品能溶解油漆、顏料及人造纖維，我們卻堅信其不會滲透進人的皮膚。為了確保我們能隨時隨地驅逐昆蟲，紐約一家專賣店還為一種袖珍型殺蟲劑登廣告，說它適合放在皮包內，供我們到海灘、打高爾夫、釣魚時用。

我們可以在地板上打蠟，蠟裡面含有藥物，任何昆蟲一踏上去保證會被殺死。我們也把泡過靈丹這種化學藥劑的布，吊在衣櫃或衣袋裡，或者放在抽屜裡，半年內不用擔心蛀蛾的破壞。廣告上沒說靈丹有危險，有一種會放出靈丹煙氣的電子產品，廣告上也沒說有毒，只說是安全、無味的。然而事實是，美國醫學協會認為靈丹蒸氣太危險，遂在其發行的期刊上大為反對此藥物的使用。

農藥局在《家庭與花園》的刊物中，教我們把ＤＤＴ、地特靈、克羅丹或其他蟲蛾殺蟲劑噴在衣服上。如果噴太多使衣服上留下白色斑點，可以用刷子刷掉，但是農業局卻沒要我們小心，該在哪裡或該如何把過多的殺蟲劑刷掉。倘若如此，我們可能到了晚上，是躺在滿覆地特靈，防蟲防蛾的毯子下睡覺的。

現在的園藝已和超強的毒藥緊密結合，每一家五金行、園藝用品店及超級市場都出售一排排的殺蟲劑，以供各種場合使用。不用這些各式各樣噴霧劑的人就落伍了，因為幾乎每份報紙的園藝版及大部分園藝雜誌都把使用這些藥物視為理所當然。

使用毒物是這麼的普遍，甚至連能立即使人致命的有機磷殺蟲劑也被用在草坪和觀賞用植物上，有鑒於此，佛羅里達州的衛生署遂於一九六〇年禁止在住宅區將殺蟲劑用於商業用途上，除非先申請許可證，並達到該署所要求的條件。然而在這規定頒布之前，佛羅里達州就有人因巴拉松中毒而死。

不過，卻幾乎沒有人警告園藝愛好者或屋主，他們使用的物質帶有極高的危險性；相反的，新藥劑如雨後春筍般不斷推出，在草坪和花園中施放毒藥更加方便，也增加園丁接觸毒藥的機會。例如：把一種瓶狀容器裝置在水管上，噴水的時候就可以一同把極危險的化學藥品如克羅丹或地特靈噴到草坪上。這種裝置不但對拿水管的人有害，也危害大眾的安全。《紐約時報》因此在園藝版上特別提出警告，使用者應另行安裝保護裝置，以免毒藥因虹吸作用而回流到水源處。想想使用這種噴水裝置的人有多少，而警告的說明又極為少見，若水源受到汙染，我們會覺得奇怪嗎？

毒藥對園藝愛好者會有什麼影響，我們可以舉下面一個例子。有位醫生，是個熱愛園藝的人，他每週都定期在他的灌木或草坪上噴藥，先是用ＤＤＴ，後來改用馬拉松，有時用噴霧器，有時把瓶狀容器裝置在水管上。因此，他的皮膚和衣服往往都被藥水噴溼，一年後的某一天他突然昏倒，送醫急救，經切片檢查，發現他的脂肪積有23 ppm的ＤＤＴ；他的神經也受到很大的損傷，醫生認為是永久性的，不會復原了。其後他日形消瘦，極度疲乏，肌肉特別虛弱，這是馬拉松中毒的典型症狀，而這些狀況，使他無法繼續行醫。

除了水管外，電動剪草機也可加上施放殺蟲劑的裝置，在剪草時噴出霧氣。於是在都市裡，除了有潛在危險性的汽車煙霧外，又加上顆粒微細的殺蟲劑經由無知的市民散播出去，更提高了空氣汙染的嚴重性。

然而，沒有人提到在園藝工作上或家中使用毒藥的危險性。商標上的警告文字往往印得很小，很少人會費心去看或遵照指示去做。有家公司最近調查發現，一百個使用噴霧性殺蟲劑的人之中，知道罐上印有警告文字的，還不到十五個人。

住在郊區的人，也斷然決定不惜任何代價都要把雜草清除得一乾二淨，有化學藥品就是特別設計用來去除這種討厭的植物，而裝這種化學藥品的袋子，已幾乎成為身分地位的象徵。從商品名根本看不出這些商品的成分和性質，要知道是否含有克羅丹或地特靈，就必須從袋子上最不明顯的部位去看那字體極為細小的文字。五金行或園藝商品店提供的說明書中，不但絕少提到使用這些物質真正的危險性，反而常印上美好家庭其樂融融的圖片，滿面笑容的父親和兒子正在為噴灑草坪做準備，而小孩子們在草坪上和狗一起翻筋斗。

我們所吃的食物是否含有農藥殘餘，目前是人們爭論不休的話題，化學公司不是一概否認，就是認為小事一樁不足掛齒。同時，現在的趨勢是，把要求食物不該含農藥的人貶為偏執、怪胎或是瘋子。在這團眾說紛紜的迷霧中，真相是什麼呢？

就如常識可判斷的，醫學上已確定在DDT的時代來臨之前（約一九四二年），人類無論死活，體內都無ＤＤＴ或其他類似的物質。然而正如前面第三章所提到的，自一九五四年到一九五六年之間，從一般大眾取樣得來的脂肪，ＤＤＴ含量平均大約是5.3-7.4 ppm。更有證據顯示，從那時到現在，平均含量一直不斷上升，而因職業關係或其他因素接觸殺蟲劑的人，體內含量當然會更高。

一般人若未特別接觸到大量殺蟲劑，那麼體內積存在脂肪內的ＤＤＴ可能很多來自食物。美國公共衛生服務中心的一個科學小組，為此而抽查餐館和機關團體的食物，發現每一份樣本都含有ＤＤＴ。從這調查的結果，該科學小組的結論是：「完全不含ＤＤＴ的食物為數甚少。」

這些食物所含的ＤＤＴ，可能非常可觀，公共衛生服務中心的另一項調查發現，監獄裡像煮乾果那樣的食物，就含有69.6 ppm，而麵包竟然含有100.9 ppm的ＤＤＴ。

普通家庭的飲食中，肉類及含動物脂肪的產品，所含氯化碳氫化合物的殘餘量最高，因為這種化學藥品可以溶解在脂肪中，水果和蔬菜的殘餘比較少。這些化學殘餘是無法用水洗掉的；最好的辦法是，把萵苣或白菜等葉類蔬菜的外層菜葉去掉，水果最好去皮；而烹調並不能破壞這些殘餘毒性。

食品與藥物管理局的規定中，有幾樣食品是不准含農藥殘餘的，牛奶便是其中的一種。然而，每次抽查都含有殘餘，最嚴重的是奶油及其他乳製品。於一九六〇年，該局抽查了四百六十一件乳製品樣本，發現其中三分之一含農藥殘餘，致使該局官員表示情況「遠比預期的還糟」。

這種情況下，要找到不含DDT的食物，似乎得到偏遠、未開發、尚無「便利」文明的地方。世上勉強還有這種地方，那就是阿拉斯加北部海岸；不過農藥的陰影可能正逐漸迫近，科學家調查當地愛斯基摩人的飲食，發現完全不含化學藥劑。無論是新鮮的魚或魚乾、海狸、白鯨、馴鹿、麋鹿、北極熊及海象等的油，脂肪與肉，或蔓越橘、大覆盆子果及野大黃等，都尚未受到汙染。但有一個例外——在希望角（Point Hope）發現兩隻雪鴞皆含有少量的DDT，可能是在遷徙旅途中得到的。

愛斯基摩人的體脂肪，也發現含少量DDT殘餘（0-1.9 ppm），原因很清楚，這些樣本取自安克拉治（Anchorage）的美國公共衛生服務中心醫院接受手術的人。該地較為開化進步，醫院的食物含和其他大城市一樣多的DDT，愛斯基摩人只不過在文明地中停留短短幾天，就得到一些毒藥作為報酬。

現在我們吃的每一頓飯，都含氯化碳氫化合物，如此對農作物大肆噴藥，當然會有這樣的後果，如果農民小心地遵照說明用藥，農產品的殘餘量就不會超過食品與藥物管理局的規定，且不談這些合法殘餘量是否真的「安全」，大家都知道農民用藥常常超過應有的劑量，用藥時間太接近收成期，在一種農藥就能達到效果的情況下卻要用到好幾種，而且和一般人一樣，不看小字體的印刷字說明。

連化學公司也看到農民濫用殺蟲劑的問題，而發現有教育農民的必要。一份居主流地位的化學商務雜誌指出：「很多使用者並不了解，用量超過建議藥量將會產生耐藥性，而農民會因隨興，而無計畫地在許多農地裡噴灑過多農藥。」

食品與藥物管理局的檔案中，就有許多這種濫用農藥的記錄。下面幾個例子便充分顯示出情況的嚴重性，一位農民在快要收成的短時間內，用了不只一種而是八種不同的農藥；貨運商用毒性可致命的馬拉松噴灑芹菜，用量是建議最高劑量的五倍；雖然萵苣不能含農藥殘餘，農民還是用毒性最強的茵特靈噴灑萵苣；還有農民在菠菜收成前一週噴灑DDT。

此外，也有些農藥汙染的情況是意外發生的，許多裝在麻袋裡的青咖啡豆受到汙染，就是因為貨運車上同時載有殺蟲劑。儲存在倉庫裡的食品，常要受到多次DDT、靈丹及其他殺蟲劑的噴灑，這些噴藥可能會穿透包裝材料而進入食品中，食品儲存得愈久，就愈可能受到汙染。

有人要問：「難道政府不能保護我們，讓這些事不致發生？」答案是：「保護的範圍很有限。」食品與藥物管理局在保護消費者不受農藥汙染方面，嚴重受到兩大限制。第一個是，只管得到州與州之間買賣的食品，在同一州生產銷售的食品，無論違規情況多嚴重，它都完全無權插手。第二個限制是，檢查員人數太少，總數不及六百名。據該局官員表示，州際間往來的農產品，依現在的設備能抽查的比率遠不到百分之一，這數量在統計上根本就毫無意義。至於在同一州生產銷售的產品，情況又更糟糕，因為大部分州在這方面的法律都相當不切合狀況。

食品與藥物管理局所建立的汙染最高限量，即所謂的「耐受標準」，顯然也有問題。在現有情況下，這個限量給我們的只是像紙一樣單薄的安全措施，提供一個假象，好像安全標準設定了，大家就會遵守。至於准許食物中含有一點農藥——這裡可以有一點，那裡可以有一點，這樣的安全性，究竟有多少？很多人有充分的理由認為，任何一種毒藥在食物中都是不安全的。食品與藥物管理局設定耐受標準，是根據動物實驗而訂立的最高劑量，這劑量遠比使動物產生中毒症狀的劑量要低很多。這種設定方法原是確保安全，但卻忽略了許多重要的事實。實驗室裡的動物，生活條件都受到嚴密的控制，只接觸到定量的某一特定化學物質，這和人類的生活條件截然不同。人類接觸的化學物質繁不勝舉，其種類大都不明，劑量既無法測定，也不能加以控制。即使中餐沙拉中，萵苣含7 ppm的DDT是「安全」的，但沙拉裡還有其他食物，每一樣都有其合法農藥含量，而所有這些藥量，可能只占所接觸的農藥總量一小部分而已。像這樣從各種食物累積起來的化學物質，分量是沒辦法測定的。因此，這種設定某一特定農藥殘餘的「安全標準」，可說是毫無意義。

此外，還有其他的問題，耐受標準的設定有時違反食品與藥物管理局人員的判斷；或者，在設定的時候並不了解化學藥品的性質，該局在獲取較周全的資料後，會降低某些藥品的耐受標準，甚或將之完全廢止，但往往這時候大眾接觸這類劑量危險的化學物質已有數週或數年了。飛布達起先就有一個耐受標準，後來不得不取消，有些化學藥品在註冊使用之前，完全沒有一套野外使用的分析方法；使得檢查人員無法分析殘餘物之有無，這種困難，就嚴重妨礙分析氨基三唑的工作，而這是常用來噴灑蔓越橘的農藥。有些分析方法，甚至完全付之闕如，例如：用於種子的殺菌劑，經藥物處理的種子若未在播種季節結束前用掉，很有可能會變成人的食物。

照這種情形看來，設定耐受標準就等於授予汙染大眾食品的權利，使農民和加工業者成本降低，卻處罰消費者，課他們的稅來成立一個監察機構，確保他們不會被致死的劑量毒死。然而要充分做到監察的工作，鑑於目前農藥濫用的程度，所需經費龐大到沒有一位立法委員有魄力撥出這筆款項來。最後的結果是，不幸的消費者不但要付稅，還要忍受毒藥的汙染。

有辦法解決嗎？首先要把氯化碳氫化合物、有機磷及其他具高毒性的化學藥品耐受標準取消。有人會馬上反對說，這樣會給農民帶來不能負荷的重擔。但是，依目前既定的目標來看，若有可能使用農藥而在各式各樣的蔬菜水果中只留下7 ppm的殘餘（DDT的耐藥標準）或1 ppm（巴拉松的耐藥標準），或者只有0.1 ppm的地特靈，那為什麼不再小心一點，不讓任何殘餘留下來？其實，有些農作物是完全不准有飛布達、茵特靈及地特靈殘餘的，既然這幾樣農作物有必要這麼做，那為何不是所有的農作物都能以此方式實施呢？

然而，這種辦法也不是真的能解決問題，因為光只是紙上寫著零耐受標準是沒有什麼價值的。如我們已談過的，目前州與州間食品貨運來往中有百分之九十九是沒受到檢驗的，食品藥物管理局應增強其積極性與警覺性，而增加檢查人員數目更是當務之急。

但無論如何，這種明知食物被汙染，卻又派員監督檢查的制度，實屬多此一舉，令人想到路易斯・卡羅（Lewis Carroll）筆下的白武士，他想到「把鬍子染成綠色，卻又總是帶著一把大扇子，把他的鬍子遮住」。最終極的解決辦法，應是用毒性較低的化學藥品，使因濫用而危害大眾健康的情形大幅減少，這種毒性較低的物質已經在市面上出現了，包括除蟲菊精、毒魚酮、雷安尼亞（Ryania）及其他取自植物的物質。人工合成的除蟲菊精，也已發展出來，且一些生產天然除蟲菊精的國家已隨時因應市場需求而提高產量。至於市面上的化學藥品，有需要教育大眾，讓大家了解這些化學藥品的性質，因為市售的殺蟲劑、殺菌劑及除草劑種類繁多，一般人往往無所適從，無法知道哪些毒性很強，哪些是相當安全的。

除了改用危險性較低的農藥外，我們也應努力尋求不用化學藥品的方向。加州已在嘗試把一些昆蟲疾病用於農業上；這些疾病是由一種細菌引起的，致病的對象是某些種類的昆蟲，其實這種方法已在普遍試驗當中。其他還有許多防治昆蟲，而不致在食物上留下農藥殘餘的方法（參見第十七章）。除非大幅度改用這些方法，否則依我們的常識來判斷，我們無法從目前沒有人能夠忍受的處境中解脫，也無法從惡夢中醒來。

第 12 章 人的價格

只不過在昨天，
人類還在害怕那橫掃各國的天花、霍亂與鼠疫，
現在我們最關心的，
不再是曾經無所不在的病原體；
而是環境中另一種不同的禍害——
隨著現代生活方式的發展，
我們自己把這禍害引進我們的世界中。

從工業時代開始誕生的化學物品，已如浪潮般襲捲了我們的環境，使大眾的健康問題發生很大的變化。只不過在昨天，人類還在害怕那橫掃各國的天花、霍亂與鼠疫，現在我們最關心的，不再是曾經無所不在的病原體；環境衛生較佳的生活條件，以及新的醫藥，已使我們對傳染病有很高的控制能力。今天我們關心的，是環境中另一種不同的禍害——隨著現代生活方式的發展，我們自己把這禍害引進我們的世界中。

有害健康的環境問題是多方面的，由各種形式的輻射汙染及源源不斷產生的化學物質所引起。殺蟲劑是化學藥品的一部分，充斥在我們的四周，其影響是直接也是間接的，其作用可以是個別的也可以是集體的；它們投下一道不祥的陰影，因為無形無體、昏暗不明，所以是可怕的，因為我們無法預測人一生接觸化學藥品或輻射線會有什麼後果，這都不是人類以前曾經歷過的。

美國公共衛生署的普萊斯博士（Darvid Price）說：「我們都在提心吊膽地過日子，怕有什麼東西會把環境破壞到一個程度，使人類和恐龍一樣成為絕種的生物。更可怕的是，我們可能還得等上二十年，才能看到一些徵兆。」

在環境造成的疾病中，殺蟲劑扮演著什麼角色？我們已在前面看到，殺蟲劑現已汙染了土壤、水質及食物，其威力能使河川的魚兒消失，使花園和森林寂靜無聲，全無鳥兒的蹤跡。不管人類怎麼覺得自己超越自然，我們還是自然界的一部分。目前世界到處都受到汙染，我們能逃得掉嗎？

我們知道，這些化學藥品就算只接觸一次，只要劑量夠高，就能造成急性中毒。但這並非最主要的問題。農民、噴藥工人、噴藥飛機駕駛員及其他人因接觸過量殺蟲劑而突然中毒或死亡，這是很悲慘的事，實在不應該發生。對一般大眾而言，更應擔心的是持續不斷吸收微量殺蟲劑的後果。

幾個有責任感的公共衛生署官員已指出，化學藥品的作用會長時間累積，後果端視每個人一生中接觸的化學物質總量而定。就因為如此，人們常忽視其危險性，不把未來可能有的危害看在眼裡，杜波醫生就說道：「人天生就比較容易被會馬上發作的疾病嚇倒。然而，最可怕的敵人，卻是暗中慢慢潛行而來的。」

我們每一個人，就好像密西根州的知更鳥，或米拉米契河的鮭魚；這牽涉到生態中相依、相存的問題。毒死溪流中的石蠶，鮭魚的數量就減少，毒死湖裡的蚊蚋，則毒藥便由食物鏈一環一環地轉移，很快地湖邊的鳥兒也被毒死。噴灑榆樹，下一個春天就不再有知更鳥的歌聲，並非我們直接對著知更鳥噴藥，而是毒藥藉著榆樹葉—蚯蚓—知更鳥的循環，一步步轉移。這些都是有記錄可循，觀察得到，在我們周圍看得到的事情，它們反映出生命之網，或者死亡之網，也就是科學家所稱的生態。

但我們的身體，也有一個生態世界。在這看不見的世界，微小的一個起因就能產生巨大後果，但這後果往往顯得和起因沒什麼關係，也常出現在離起因很遠的部位。日前在這方面的醫學研究結果，簡要來說就是「某一點改變，甚至只是一個分子，就可以反映到整個系統，在看來毫無相關的器官和組織中發生變化。」在人體神奇而美妙的功能運作上，起因和後果通常都不單純，也很難看到因果關係，很可能在時間、空間上都隔得很遠。要追究疾病或死亡的起因，人們必須透過廣泛的研究，在各種不同的範疇中，耐心地把許多看來既不重要也互不相干的小碎片拼湊在一起。

我們慣於找尋顯著、立即見效的結果，而忽視其他的，禍害若不馬上以明顯的方式出現，我們就不承認它的存在；甚至研究人員也有困難，沒有適當的方法檢驗病害的起源，在症狀出現前沒有辦法查到病害，是醫學界未能解決的一大問題。

有人會反駁說：「但我已用地特靈噴草坪噴了好幾次，而從未有過像世界衛生組織噴藥人員的抽搐現象，所以我還沒有受到傷害。」事情並沒那麼簡單。雖然沒有突發而劇烈的症狀，但使用這類物質的人，體內毫無疑問地已經積有毒物。如前所述，氯化碳氫化合物的貯存是累積性的，從最微量的吸收開始，慢慢積聚在體內所有的脂肪組織中，如果身體消耗掉這些脂肪，毒物可能就會迅速發揮其威力。紐西蘭一份醫學雜誌最近提供了一個例子：一個男子在減肥的過程中，突然產生中毒的症狀，經檢查發現他的脂肪含有地特靈，而這物質因他減輕體重而被代謝出來。如果因生病而體重減輕，也會有同樣的事情發生。

不過，物質積存在體內的結果，也可能很不明顯。幾年前，美國醫學協會的雜誌強烈警告人們，殺蟲劑積存在脂肪組織內是很危險的，對於會在體內累積的化學物質或藥品，應該要比不會累積的更加小心。該雜誌指出，脂肪組織不只是儲存脂肪（約占體重的百分之十八），也具有許多重要的功能，而積存的毒素可能就會妨礙這些功能的運作。此外，脂肪廣泛分布在身體各器官與組織中，甚至是細胞膜的成分，因此我們要記住，脂溶性的殺蟲劑會儲存在每一個細胞中，影響著身體最重要的氧化反應及能量生產等功能，這問題的重要性，將會在下一章討論。

氯化碳氫化合物對身體的危害中，有一點很重要的，就是它對肝臟的影響，肝臟是身體所有器官中最特別的，沒有其他器官像肝臟那樣具有多面的功能，那麼不可或缺。它主導許許多多重要的功能運作，只要受到一點損傷，就有嚴重的後果，它不只提供消化脂肪的膽汁，也由於其所在位置是循環路線集中的地方，肝臟直接從消化道接收血液，參與所有食物的新陳代謝，以肝醣的形式儲存糖分，又小心地釋出適量的葡萄糖，使血糖保持正常標準。它同時又製造身體所需的蛋白質，包括血漿中與血液凝固有關的主要成分。它使血液中的膽固醇量保持正常，並在雄性及雌性荷爾蒙量過高的時候中止這些荷爾蒙的活性。它也是儲存維生素的地方，這些維生素也是許多身體功能運作的一環。

肝臟若不能正常運作，身體就等於被解除武裝，對不斷入侵的毒素無力抵抗。這些毒素有些是新陳代謝正常的副產品，肝臟會迅速有效地把其氮分子去掉，使之變成無害的物質，但正常情況下不會有的毒素，肝臟也會將之解毒。所謂「無害」的馬拉松及氯化甲醇（methoxychlor）毒性比其他同類的農藥低，就是因為肝臟有一種酵素能夠改變它們的分子，使其毒性降低。肝臟也用類似的方法，處理進入我們體內的有毒物質。

我們的身體對抗外來或內在毒素的能力，現已在減弱崩潰當中。因殺蟲劑而受損的肝臟，不只無法替我們解毒，其本身的許多活動也可能會受到阻礙。此後果不只影響深遠，也因種類繁多，症狀不會立即顯現，使人們難以追究原因。

隨著殺蟲劑的廣泛使用，自一九五〇年以來肝炎的罹患率也急劇增加，並且還在上升之中，而肝硬化的人數也愈來愈多。雖然要「證明」原因甲導致結果乙的發生不是很容易——畢竟人不是實驗動物，但光用常識判斷，肝病罹患率及環境中毒害肝臟的毒素同時增加，應該不是偶然。無論氯化碳氫化合物是否為肝病的主因，我們既已知道這種化合物會損毀肝臟功能，使肝臟對疾病的抵抗力降低，如果還去接觸它就顯得太不智了。

殺蟲劑的兩大種類——氯化碳氫化合物及有機磷化合物，都會直接影響神經系統，只是方式不一樣，這是經由無數動物實驗和病患觀察所得知的。至於ＤＤＴ這種新的有機殺蟲劑，對人主要的作用是在中央神經系統，一般認為小腦和運動皮層是主要受害區，據標準的毒物學教科書的記載，吸收過量ＤＤＴ會有不正常的感覺，如刺痛、灼燒或發癢等，同時還會顫抖、痙攣。

因ＤＤＴ急性中毒而引發的症狀，最早是由幾位英國的研究人員發現的，因他們想知道後果將會如何，而親自去接觸ＤＤＴ。英國皇家海軍生理研究所的兩位科學家在牆壁上塗上一層含百分之二ＤＤＴ的水溶性顏料，再塗上一層薄薄的油，然後直接讓皮膚緊貼著牆壁，使ＤＤＴ能透過皮膚吸收進入體內。從他們對症狀的描述，

DDT對神經系統有直接影響是不容置疑的：「四肢感到疲倦、遲鈍及酸痛，精神上也受影響，情緒低落……非常急躁……討厭每一種工作……覺得自己很笨，連最簡單的事都做不來。關節有時會有劇痛。」

另一位英國研究人員把DDT溶在丙酮裡，然後擦在皮膚上，他的症狀是四肢遲重、酸痛、肌肉無力，以及「神經極度緊張而引起痙攣」。他的狀況在度假後稍有好轉，但一回來工作就又惡化，於是他在床上躺了三個星期，不時感到四肢酸痛、失眠、神經緊張、精神焦慮，有時會全身顫抖——這種顫抖現在大家都很眼熟了，因已看過許多DDT中毒的鳥。這位研究人員有十週無法工作，甚至在將近一年，英國醫學雜誌報導他的案例時，他還沒有完全恢復。（儘管如此，美國研究人員用志願者測試DDT的影響，結果卻把志願者形容的頭痛及「每根骨頭都在痛」摒斥為「顯然是心理作用」。）

目前記錄上有許多案例，從症狀與病史來看，殺蟲劑顯然是主因。這些病人都曾接觸過殺蟲劑，在清除環境中所有的殺蟲劑後，症狀就消失；更重要的是，每次再接觸那種殺蟲劑時症狀就會回來。就是這種證據，構成醫學上治療眾多病症的基礎，我們應該將之當作一種警告，沒有理由再繼續「小心冒險」地用殺蟲劑汙染整個環境。

為何不是每一個用過殺蟲劑的人都有同樣的症狀？這和每個人的敏感度有關。有些證據顯示，女人比男人敏感，小孩較成人敏感，坐著工作或常在室內的人比常在室外工作或運動的人敏感。除了這些之外，還有其他複雜的因素。為何有人會對塵埃或花粉過敏，對某一種毒藥敏感，對某一種毒素敏感，或容易得病，而有些人就不會？目前這還是醫學上的一個謎，沒有解答，但問題確實存在，影響到相當多的人。有位醫生估計，他的病人中大概有三分之一以上有敏感的傾向，而人數還在不斷增加，不幸的是，本來不過敏的人突然變得敏感。事實上，有醫學從業人員認為，陸陸續續接觸化學物質可能會產生這種敏感性。如果真是這樣，就可以解釋為什麼職業上常接觸農藥的人，很少有中毒的症狀，因為不斷接觸這些化學物質，使他們的敏感度降低，就好像醫生對患者注射小量引致過敏的物質，注射多次後就可降低患者對此物質的敏感度。

殺蟲劑中毒的問題會這麼複雜，是因為不像實驗動物都活在嚴密控制的環境中，人類接觸到的化學物質絕非僅止一種，每一種殺蟲劑之間，或殺蟲劑與其他化學物品之間都會相互作用，而導致嚴重後果。不管是在土壤、水或是人的血液中，不同的化學物質不會單獨存在；藉著神祕不可見的變化，它們會互相改變，造成危害。

甚至兩大類殺蟲劑間都會相互作用，雖然它們各自的作用完全不同。如果人體先接觸氯化碳氫化合物導致肝臟受損，有機磷的毒性在這種情況下就會增強，有機磷能破壞保護神經的乙醯膽鹼酯的物質。之所以如此，是因為肝功能受損時，乙醯膽鹼酯櫃濃度會下降，有機磷若使之降得更低，症狀就可能顯現出來。此外，如我們前面所看到的，兩種有機磷化合物能互相作用，使毒性增強一百倍。或者，有機磷可能和許多藥物、人工合成物質或食物添加物起反應——也許還和許許多多充斥世界各地的人造物質反應也不一定。

像這樣本來無害的化學物質可以被另一樣物質大幅改變，最好的例子是和DDT很接近的氯化甲醇。（其實氯化甲醇可能並不像一般人以為的那麼安全，最近的動物實驗顯示，它對子宮有直接影響，也會抑制腦下腺荷爾蒙的作用——這又再度提醒我們，這些化學物質對生物都有重大影響。又有研究發現，氯化甲醇有破壞腎臟的潛能。）就因為氯化甲醇不會在體內積存很多，所以人們以為它是安全的；但是不見得如此。如果肝臟已因其他物質受損，氯化甲醇在體內累積的速度會增加到一百倍，然後導致像DDT中毒的後果，對神經系統有長遠的影響。然而肝臟受損的程度也許太過於微小，而不會引起人的注意，其原因可能是許多日常情況累積所造成的，如使用其他殺蟲劑，含四氯化碳的清潔劑，或所謂的鎮靜劑等，這其中有些是氯化碳氫化合物（但並非全部），具有傷害肝臟的副作用。

急性中毒不只會損害神經系統，也會有遲發但長遠的後果。氯化甲醇及其他物質對腦或神經有長久的破壞力：地特靈除了立刻發生的作用外，還有遲發的後果，從「喪失記憶、失眠、作惡夢到精神病」都有。根據醫學研究，靈丹可能會大量儲存在腦部及肝臟中，以致對中央神經系統造成「深遠而長久的影響」，然而此化學物質是一種六氯化苯，人們常在家裡、辦公室與餐廳中用噴霧器到處噴灑。

至於有機磷化合物，人們通常只會想到急性中毒所引起的劇烈症狀，但它也會傷害神經組織，而且根據最新的研究發現，它也會造成精神病。有人在用過這類殺蟲劑後，產生遲發性的癱瘓。約在一九三〇年美國實施禁酒令的時期，有一件怪異的案例，可以說是一種前兆，成因並非是殺蟲劑，而是和有機磷化合物屬於同一類的物質。在那段時期，有人用藥用物品來代替酒，如此就不致違反禁酒令，牙買加薑水就是其中一種。但因真品太貴，私酒販就想到製造假貨，他們所造的假貨是如此成功，竟通過化學測驗，瞞騙過美國政府的化學技師，為了使之有真品特殊的味道，他們加了一種化學物質叫做三磷甲苯基磷酸酯（triorthocresyl phosphate）。這物質和巴拉松及其相關物質一樣，會破壞乙醯膽鹼酯酶，結果由於喝了私販的私酒，有一萬五千多人因而腿部肌肉麻痺，形成永久性的跛腳，現在稱之為「薑水性麻痺」；這是因為神經鞘遭到破壞，以及骨髓前角細胞退化所造成的。

大約在二十年前，開始有其他各種類的有機磷化合物加入殺蟲劑的行列，很快地，像薑水性麻痺之類的事件出現了。德國一位在溫室工作的工人，在用過巴拉松後有幾次經歷到輕微中毒的症狀，幾個月後就麻痺了。之後，有三個化學工廠的工作人員，因接觸同一類殺蟲劑而產生急性中毒現象，經急救後恢復正常，但十天後其中的兩位腿部肌肉變得虛弱無力，這狀況在其中一人身上持續了一個月；而另外一位是年輕的女化學技師，她的情況就嚴重許多，不但雙腳麻痺，手指和手臂也受到影響，兩年之後醫學雜誌報導她的案例時，她還不能走路。

導致這些案例的殺蟲劑都已從市場上回收，但目前人們使用的殺蟲劑，或許也會有類似的危險。在用雞做為對象的實驗中發現，馬拉松（園藝愛好者的最愛）會嚴重造成肌肉無力；和薑水性麻痺一樣，這是由於坐骨和脊髓神經鞘受損所致。

所有這些有機磷中毒的症狀，如果患者還活著的話，只會變得更糟而不會更好。由於會嚴重破壞神經系統，勢必最後也會引起精神病。澳洲墨爾本大學及墨爾本的亨利王子醫院最近已確定殺蟲劑和精神病的關係，他們提出十六件精神病的案例，每一個病患都曾長期接觸有機磷殺蟲劑，其中有三位是檢查噴藥效果的科學家，八位在溫室工作，五位是農場的工人。他們的症狀有記憶力減退、精神分裂及抑鬱等，在使用殺蟲劑之前，他們的身體都很健康。

如我們所見的，這類案例在醫學文獻中非常普遍，有時牽涉到氯化碳氫化合物，有時是有機磷化合物。為了暫時消滅幾隻昆蟲，我們竟然必須付出這麼大的代價——迷亂、妄想、喪失記憶、躁狂；如果我們仍堅持使用這種會破壞神經系統的化學物質，就必須繼續付出這樣的代價。

第 13 章

一扇窄窗

實驗證明，
化學物質也會造成與輻射線相同的後果，
這種物質稱為模擬輻射物質。
許多殺蟲劑和除草劑都屬於這一類。
能破壞染色體，干擾細胞分裂，或造成突變。
遺傳物質的損傷，能使人生病，
或者在下一代顯現出後果來。

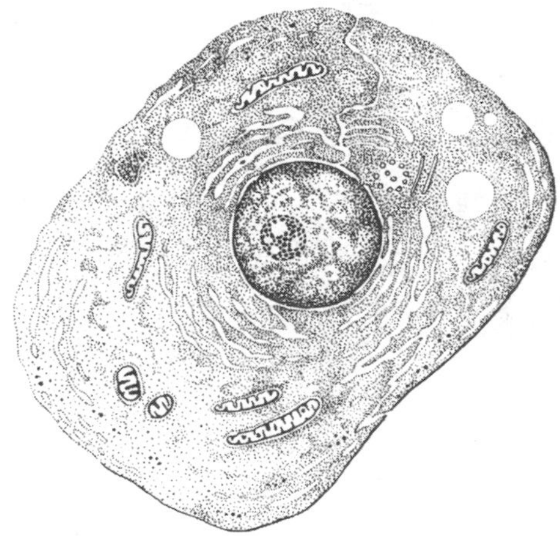

生物學家喬治・華德（George Wald）曾經把他的研究對象——眼睛的視覺色素，看成是「一扇窄窗，隔著距離從那裡看出去，只能看到一道窄小的光，但愈走近窗子，視野便愈寬廣，最後就可以從同樣這一道窗子看到整個宇宙。」

所以，唯有集中注意力，先觀察身體的細胞，然後是細胞微小的構造，最後是這些構造裡每個分子的反應，我們才能了解把化學物質帶進體內，會有多嚴重，影響有多深遠的後果。細胞製造能量，是生命不可或缺的功能，但醫學界只在最近才開始有這方面的研究。身體製造能量的機制，不但是身體健康也是生命的基礎，其重要性甚至超過所有的器官，因為產生能量的氧化還原反應若不能順利進行，身體的每一樣功能都無法正常運作。然而，許多用來去除昆蟲、鼠類及野草的化學物質，可能會直接破壞這個系統，阻撓精巧的運作機制。

我們今天能夠了解細胞氧化的研究，是生物學和生化學中最了不起的成就，在這方面有貢獻的人，包括好幾位諾貝爾獎得主。這研究已經進行了二十五年，是以更早的研究作為基礎而發展起來的；然而很多細胞還未研究出來。一直到最近十年間，從幾個不一樣的研究成果，才形成當今生物學家普遍知道的知識。然而，在一九五〇年前接受訓練的醫護人員，並沒有機會了解細胞氧化作用的重要性，以及阻撓這些作用的危險性。

能量製造的工作，並非由某一器官專司，而是由每一個細胞執行的，活細胞就好像火燄一樣，燃燒燃料以生產生命所需的能量；不過細胞「燃燒」只用正常的體溫，而不產生高熱，於是這數十億的細胞便輕輕燃燒，散發出生命的火花，如果它們停止燃燒，「心臟會停止跳動，植物不會違反地心引力往上生長，變形蟲不會游泳，知覺不會隨著神經傳送，思緒也無法在人腦中閃動。」化學家尤金．拉賓諾維奇（Eugene Rabinowitch）如此說道。

物質在細胞內轉變成能量，是個不斷運行的過程，自然界再生的循環，如同永遠轉動不止的輪子。一粒粒、一個個分子，碳水化合物變成葡萄糖，進入這個輪子；在循環過程中，燃料分子分裂成片斷，進行一系列的化學變化。這變化是有規則的，一步步地進行，每一步都由一個酵素來推動與控制，因這些酵素的功能都很特定，只做一件事，不做別的。能量產生過程中的每一步驟都有廢物（二氧化碳和水）產生出來，而經過變化的燃料分子就前進到下一個步驟，當輪子轉了一整圈之後，燃料分子就已轉化成一種形式，可以和另一個新分子結合，再開始一個新的循環。

像這樣好似化學工廠一樣的細胞運作過程，真是生命的奇觀；而每一個運作的零件，體積都非常微小，更令人嘆為觀止。除了少數的例外，細胞本身就很小，用顯微鏡才看得到，然而大部分氧化作用的工作，卻在更小的劇場上演，在細胞內一個小小的圓粒中進行，叫做粒線體。雖然人們知道粒線體已經有六十多年，但都以為它是細胞內不明的成分，功能大概不怎麼重要。到了一九五〇年代，這方面的研究才變得多彩多姿，成果豐碩，突然間有關粒線體的研究變得極為熱門，在短短的五年間，就有一千篇以粒線體為主的研究結果發表出來。

科學家在解開粒線體之謎時所表現出來的智慧與耐心，實在令人敬佩。想想看，粒子是這麼微小，連透過顯微鏡放大三百倍來看都不一定看得到。再想想看，分離這顆粒子、把它割開、分析它的成分及其複雜功能所需的技巧，然而，藉著電子顯微鏡和生化學家的技術，就完成了這些研究。

目前已知，粒線體是裝酵素的小袋子，含有各式各樣氧循環所需的一切酵素，很規律地排列在粒線體膜及隔層中，粒線體是「發電廠」，所有的能量生產反應都在這裡進行。一開始的幾步氧化過程是在細胞質中進行，之後燃料分子進入粒線體，完成氧化反應，龐大的能量也是從這裡釋放出來。

氧化循環中能量的產生，來自生物學家所謂的ＡＴＰ（腺嘌呤核苷三磷酸）之中，它含有三個磷酸基。ＡＴＰ之所以能提供能量，是因為它能把磷酸基傳給其他物質，而這磷基的電子鍵能以高速來回移動。於是，在肌肉細胞中，若有一個磷酸基傳給肌纖維，肌纖維就得到收縮的能量。如此，又產生另一個循環——循環裡的循環：ＡＴＰ放棄一個磷酸基，保留兩個磷酸基，變成ＡＤＰ（Adenosine biphosphate腺嘌呤核啟二磷酸）。但是當循環繼續進行，另一個磷酸基又會加入，使ＡＤＰ回復成ＡＴＰ。這就好像電池一樣，ＡＴＰ是充了電的電池，ＡＤＰ是用過的電池。

ＡＴＰ是眾生物通用的能量來源。所有生物體，從微生物到人類都用ＡＴＰ。它提供機械能給肌肉細胞，電能給神經細胞；精子、受精卵要迅速成長轉變成一隻青蛙、一隻鳥，或是人類的嬰孩，細胞要製造荷爾蒙，全都仰賴ＡＴＰ提供能量。ＡＴＰ的能量有些是供粒線體使用，但是大部分都立刻被送到細胞中供其他活動使用，由粒線體在某些細胞的位置，就可以知道其功能，因為這樣就可將能量準確無誤地送到需要的地方，在肌肉細胞中，粒線體集中在收縮纖維附近；在神經細胞中，它們位於和其他神經細胞接觸的地方，提供能量給電能訊息的轉移；在精子中，它們集中在頭部與推動精子行進的尾部連接處。

電池充電時，ＡＤＰ和一個自由的磷基結合形成ＡＴＰ，這是和氧化反應連結一齊進行的，叫做偶聯磷酸化反應。若兩者未連結在一起，就沒有能量產生，細胞就變成一具空轉的引擎，只能發熱卻無馬力，如此，肌肉便無法收縮，電訊無法隨著神經線路傳送，精子無法游到目的地，受精卵無法完成複雜的細胞分裂與發育。所以對每一種生物，從胚胎到成體，磷酸化反應和氧化反應若不能連結，將會有慘重的後果，可能會造成組織或甚至整個生物體的死亡。

為何二者不能連結呢？輻射線是個原因；受到輻射線照射的細胞會死，可能原因就在於此，不幸的是，很多化學物質也可以把氧化反應和能量生產反應分開，其中包括殺蟲劑和除草劑。如我們所知，酚類*對新陳代謝有很大的影響，會使體溫升高到有致命的危險，這就是氧化反應和磷酸化反應沒有連結，造成「引擎空轉」的結果。二硝基酚和五氯酚（pentachlorophenols）等普遍用作除草劑的物質，就是這一類的代表，除草劑中另一個例子是2,4-D，在氯化碳氫化合物中，DDT已經證實能使氧化及磷酸化反應不能連結，而爾後的研究可能還會發現更多。

不過要熄滅部分或所有身體幾十億細胞的火花，解除氧化及磷酸化反應的連結並非唯一的方法。我們在前面已經看到，氧化反應的每一個步驟，都是由一特定酵素執行，若其中任一個酵素被破壞或活性減弱，氧化反應就會停止，不管是哪一個酵素都

*編按：酚類化學物質濃度超過百分之五會導致酚中毒。

一樣。氧化反應的循環就像個轉動的輪子，如果把一根棒子插在車輪輻條之間，輪子就會停止轉動，不管捧子是插在哪裡，同樣的，破壞任一循環步驟的酵素，氧化反應就會停止，這時，沒有能量產生出來，後果和氧化物與磷酸化反應不連結是一樣的。

能中止氧化反應這個輪子轉動的插棒，可以是任何一種用作殺蟲劑的化學物質：ＤＤＴ、氯化甲醇、馬拉松、硫二苯胺（Phenothiazine）及各種二硝基化合物等，都會抑制一種或多種氧化循環中的酵素，也因此能夠中斷能量製造的過程，並使細胞無法利用氧氣。這種損害，有極嚴重的後果，在此僅能略述一二。

已有實驗發現，僅只停止供應氧氣，正常細胞就會變成癌細胞，這一點我們在下一章會談到，其他的嚴重後果，則可以從動物胚胎實驗中看出來。沒有充分氧氣，組織和器官的發展就會受到擾亂，畸形發育或其他不正常的發展就會接著發生，人類的胚胎若缺乏氧氣，想必也會發生先天性的畸形。

已有跡象顯示，這方面的案例愈來愈多，不過還沒有人查出原因。一九六一年，美國人口統計處開始調查全國畸形兒的出生率，以了解先天性畸形發生率及其發生的環境狀況。這樣的調查，在當時可以說是一個兇兆。雖然此調查主要是針對輻射線的影響，但也不能忽視化學物質的作用，因為化學物質往往伴隨著輻射線，而產生同樣的影響。人口統計處預測，未來大部分的畸形兒，將會是這些到處充斥的化學物質所造成。

生殖率的降低，可能也是因為氧化反應受到阻斷，使ATP的儲存量減少。卵子在受精之前，需要有充裕的ATP，以備受精後使用。而精子能否到達目的地穿透卵子，則和其ATP的存量有關。等受精之後卵子開始分裂，胚胎的發育能否完成，也決定於ATP的供應量是否充裕。胎生學家用蛙類和海膽的卵作實驗，就發現如果ATP的含量降到某個程度，卵子便會停止分裂而隨即死去。

從胚胎學的實驗室中，我們可以聯想到蘋果樹上的知更鳥；牠們在鳥巢中生下藍綠色的蛋，然而蛋都是冷的，生命的火燄閃爍了幾天便熄了。我們也可以聯想到，在佛羅里達州的松樹頂上有一個以樹枝堆起，看似雜亂卻是整齊有致的鷹巢，巢中三個白色的巨蛋也是冰冷無生氣的，為何小知更鳥和小鷹無法孵出來？是不是像實驗室的蛙卵一樣，因為缺乏ATP而無法發育完全？而之所以缺乏ATP，是不是因為成鳥和牠們的蛋含有太多殺蟲劑，使氧化反應的小輪子停止轉動，才無法生產能量？

這些問題的答案，已不需要去猜測了，因為觀察鳥類的蛋要比研究哺乳類的卵子容易得多。無論是實驗室或野生的鳥，只要接觸過DDT或其他氯化碳氫化合物，蛋裡就含有這些物質的殘餘，而且含量不低。加州有一個用雉雞蛋做的實驗，發現其中含有349 ppm的DDT。在密西根州，因DDT中毒而死的知更鳥，輸卵管中的蛋含有200 ppm。因成鳥受DDT中毒死亡而遺留在巢中無人看顧的蛋，也含有DDT殘餘。因附近農場使用阿特靈而中毒的母雞，也把化學物質傳到蛋裡。實驗室裡用含DDT的飼料餵養的母雞，生下的蛋竟含有多達65 ppm的DDT殘餘。

DDT和其他（或許是所有的）氯化碳氫化合物會抑制某一特定酵素，或者使能量生產機制不能連結，而中斷能量生產的循環。既然如此，充滿化學殘餘的鳥蛋，又怎麼能夠完成複雜的發育過程：無數次的細胞分裂、組織與器官的發展、重要物質的合成，最後發展出一個新的生命。所有這些都需要無比的能量——唯有新陳代謝的輪子才能生產的ATP。

這種慘劇，當然不可能只發生在鳥類身上。ATP是眾生物通用的能量來源，而在鳥類和細菌，以及人和老鼠身上，新陳代謝的循環為的就是製造ATP。殺蟲劑既然可以積存在這些動物的生殖細胞中，或許在人體中也是一樣。

有證據顯示，這些化學物質可以留存在製造生殖細胞的組織，以及生殖細胞中，在許多種鳥類和哺乳類的性器官中，已經發現存有殺蟲劑——實驗室裡的雉雞、老鼠和天竺鼠，榆病防治區的知更鳥，以及在西部森林雲杉捲葉蛾防治區漫遊的鹿。有一隻知更鳥的睪丸含有的DDT比其他部位還多；而雉雞睪丸的含量，更是高達1500 ppm。

或許是化學物質積存的緣故，造成實驗動物的睪丸有萎縮的現象。吸收到氯化甲醇的小老鼠睪丸就特別小；餵予DDT的公雞，睪丸大小只有正常的百分之十八，而需要靠睪丸分泌荷爾蒙才能發育的雞冠和肉垂，只有正常的三分之一。

精子本身也會因ATP不足而受到影響。實驗發現，二硝基酚會減低公牛精子的活動力，因其干擾了能量連結機制而降低能量的生產；其他化學物質或許也有同樣的影響。至於對人類的影響，已有醫學研究發現，有些噴灑DDT的飛行員，精蟲數有減少的現象。

對整個人類來說，比個人性命更寶貴的，就是把我們與過去和未來聯結在一起的遺傳物質。經由長久的演化，基因塑造了現在的我們，而在那些小小的物質中，也蘊含了未來——可能是應許，也可能是一道威脅。然而人造物質能使基因變質，這是我們這時代的危險，也是「文明最後的浩劫」。

化學物質與輻射線，確有相似的作用。受到輻射線照射的活細胞，會產生多種傷害：分裂的能力可能遭到破壞，染色體的結構可能改變，遺傳物質——基因可能會產生突然的變化，亦即突變，使下一代有不一樣的特徵。特別敏感的細胞也許會馬上死亡，或者經過幾年時間後變成惡性細胞。

實驗證明，化學物質也會造成與輻射線相同的後果，這種物質稱為模擬輻射物質（radiomimetic）。許多殺蟲劑和除草劑都屬於這一類，能破壞染色體，干擾細胞分裂，或造成突變。遺傳物質的損傷，能使人生病，或者在下一代顯現出後果來。

幾十年前還沒有人知道輻射線或化學物質會有什麼影響。那時候，原子還未分裂，模擬輻射線的化學物質也還未在化學家的試管中孕育出來。然後，在一九二七年，德州大學動物學教授，慕勒博士（H. T. Muller）發現生物若受到X光照射，後代就會發生突變，他的發現在科學及醫學界開創新的領域。慕勒博士後來也因此成就而獲得諾貝爾醫學獎，這世界很快地認識了輻射塵，甚至不懂科學的人也知道輻射潛在的危險。

一九四〇年代初期，愛丁堡大學的查洛・奧貝（Charlotte Auerbach）與威廉・羅伯森（William Robson）也有一個發現，但很少有人注意到。他們發現芥子氣（mustard gas）能使染色體產生永久性的變異，和輻射線的作用沒有什麼不同。他們用果蠅作試驗，這也是當初慕勒博士測試X光所用的動物，發現芥子氣也會造成突變，於是，他們發現了第一個化學突變（mutagen）。

目前所知能改變動植物遺傳物質的突變劑，除了芥子氣之外已有一長串化學物質。要了解化學物質如何改變遺傳的過程，我們得先明白活細胞的基本作用。

組成身體組織與器官的細胞，一定要有增生的能力，才能使身體成長，使得生命能一代代傳下去；這是由有絲分裂，即細胞分裂所達成。細胞分裂的時候，最重要的變化是從細胞核開始，最後才擴展到整個細胞。在細胞核裡面，染色體奇妙地移動並進行分裂，把自己按遠古以來就有的方式排列整齊，以分配基因給子細胞。首先，細胞形成長線，而染色體就像珠子一樣排列在線上，然後每一個染色體都分成兩個（基因也一樣複製）。當細胞分裂的時候，一半的染色體就被分到子細胞裡去，如此，每一個新細胞都有一整套的染色體，以及裡面所包含的一切遺傳訊息。就這樣每一種族，每一種類的生物便一代代地繁衍下去。

生殖細胞的細胞分裂又不大一樣。由於每一種類的染色體數是一定的，而每一個體是由精子和卵子結合而成，所以精子和卵子只能有一半的染色體。於是生殖細胞在形成的時候，染色體在細胞分裂時並不分裂，而是每一對的其中一個完整進入子細胞。*

細胞分裂是地球上所有生命的根本，無論是人類或變形蟲，是巨大的水杉或簡單的酵母，沒有細胞分裂就無法生存。因此，干擾細胞分裂的物質，對生物及其後代會有深遠的影響。

辛普森（George Gaylord Simpson）和他的同事皮坦狄（Pittendrigh）及提芬尼（Tiffany）在他們包羅萬象的著作《生命》中寫道：「細胞的主要特色，例如：有絲分裂，一定存在了至少五億年，可能將近有十億年之久，從這方面來看，世上的生命雖然脆弱、複雜，但也相當持久——比高山還耐久。這種持久性完全仰賴遺傳物質準確的複製能力，一代代地傳衍下去。」

但在這十億年來的二十世紀中期，人造的及人們到處散播的輻射線與化學物質卻以前所未有的方式，直接且強力地破壞遺傳物質複製的「準確性」。澳洲著名的醫師及諾貝爾獎得主麥法蘭・伯納爵士（Sir Macfarlane Burnet）認為，這是現代醫學最嚴重的問題；「隨著效能愈來愈強的治療步驟及超乎生物自然代謝所能處理的化學物質不斷出現，原本體內器官有道天然保護屏障，能杜絕導致突變的物質進入，然而現在卻也愈來愈常被突破了。」

*編按：前兩段中，作者對於細胞與染色體分裂的描述有誤，在此忠於原著翻譯，並未作修改。

由於人類染色體的研究才開始沒多久，所以一直到最近才能探討環境因素對染色體的影響。在一九五六年，藉著新技術的發明，人們才準確地算出人的細胞中有四十六個染色體，並仔細觀察到整個或部分染色體的有無。環境會破壞遺傳物質的觀念，這時候還相當新穎，除了遺傳學家很少有人了解，但是卻也鮮少有人去徵詢遺傳學家的意見。輻射線的危害，人們已相當了解，然而有些地方的人卻仍然不接受這個事實。慕勒博士常常感嘆道：「不願接受遺傳原理的人，不只是操有政策決定權的政府官員，還有許多醫學的人士。而化學物質可能具有和輻射線類似的作用，大眾或大部分醫學界與科學界的人都還不知道。因此，還未有人評估一般用途的化學物質（而非實驗用者）會有什麼影響，但這一定要有人去做才行。」

認為這方面有潛在危險的人，不只是伯納爵士，英國一位傑出的科學家亞利山大博士（Peter Alexander）就曾說過，模擬輻射作用的化學藥品，傷害性可能比輻射線還大。致力遺傳學工作數十年，有卓越成就的慕勒博士也警告說，許多化學物質（包括殺蟲劑）「能像輻射線一樣提高突變的機率……在現代人們常常接觸化學物質的情況下，究竟這種能導致突變的物質對我們的基因有多大影響，還沒有人知道。」

人們所以會漠視這種問題，可能是因為一開始發現能導致突變的物質只和科學研究有關；畢竟從空中向人們噴灑的並非芥子氣，只有生物學做實驗或醫師治療癌症時才用得到（最近已有報告指出，有病人因接受這種治療而造成染色體受損）。然而，許許多多的人和殺蟲劑與除草劑都有密切的接觸。

雖然注意到的人很少，還是有人收集了許多有關殺蟲劑的資料，指出細胞的重要機制受其影響很大，從輕微的染色體受損到基因突變都有，且後果可能會嚴重到形成惡性癌症的地步。

蚊子若連續幾代都接觸ＤＤＴ，就會變成奇特的生物，稱為雌雄合形態（Gynandromorphs），也就是半雄半雌。用各種碳酸處理過的植物，染色體會有重大的變化，基因也會有數量驚人的突變，造成「遺傳上無可回復的變化」。用石炭酸處理過的果蠅，也會發生突變，使果蠅一接觸到一般的除草劑或尤利丹（Urethane，氨基甲酸乙酯）就會死亡。尤利丹是氨基甲酸（carbamates）的一種，愈來愈多的殺蟲劑與其他農藥也都是屬於這一類的。其實就有兩種氨基甲酸鹽是用來防止馬鈴薯在儲存中發芽——利用的正是它們中止細胞分裂的作用。另一種防止發芽的物質，順丁烯二酸醯（maleic hydrazide），也是威力很強的突變劑。

經過六氯化苯或靈丹處理的植物，會嚴重變形，根部長出腫瘤，細胞因染色體數加倍而漲大。染色體數會隨著細胞分裂一直加倍，直到細胞容量無法再負荷為止。

除草劑2,4-D也會使植物長出腫大的瘤，染色體變短、變厚，而擠在一起；細胞分裂也嚴重受阻，後果和X光的作用很類似。

這些只是少數的幾個例子，可以列舉的還有更多，由於還未有實驗確實研究殺蟲劑引發突變的作用，上述的例子只是細胞生理學或遺傳學上研究的副產品而已。這方面的問題，實在迫切需要有人多加探討。

有些科學家能接受環境中的輻射線對人有影響的說法，但是卻懷疑化學物質會有同樣的作用，他們認為，輻射線有穿透能力，而化學物質未必能進入生殖細胞。這又是由於不能直接用人體做實驗的結果。不過，鳥類和哺乳類的生殖器與生殖細胞曾發現含高量的DDT殘餘這一點，充分證明了至少氯化碳氫化合物會在體內廣泛散布，且可和遺傳物質結合，賓州州立大學的戴維斯教授（David E.Dawis）最近發現，有一種能使細胞停止分裂，已用在癌症治療上的化學物質，會使鳥類喪失生殖能力；劑量若不致死，也會使性器官的細胞分裂中斷。戴維斯教授在野外做的實驗已有初步結果顯示，生物體的性器官並無能力抵禦存在於環境中的化學物質。

在染色體異常方面，最近有一些具極大意義的醫學研究，在一九五九年，英國和法國許多研究小組發現他們各別的研究都導向同樣的結果——人類某些疾病是由於染色體數目不正常所致。例如：典型的唐氏症病患，他們的染色體數目多了一個，有時這一個多出來的染色體會黏在其他染色體上，使總數維持在正常的四十六個，不過通常都是四十七個。可見導致唐氏症的原因必然在上一代就已發生。

在美國和英國，有一種慢性白血病的發病機制似乎不大一樣，因為每一個病患的血球中，都有染色體異常的現象，例如：有的染色體有一部分不見了；而這些病患的皮膚細胞染色體卻是正常的；也就是說，染色體異常並非發生在發展出這些個體的生殖細胞上，而是發生在這些人有生之年的某特定細胞上（在這個例子中，此特定細胞就是血細胞的先質）。染色體所失去的那一部分，可能就含有使細胞正常運作的「指示」。

自從此領域開始發展以來，與染色體異常有關的病症名單，就以驚人的速度成長，遠超過醫學所能研究的範圍。有一種病叫做克萊費德氏症候群（Klinefelters syndrome），就多了一個性染色體。患者雖然是男的，但因有兩個X染色體（變成XXY，而非正常男性的XY），使他發育有點不正常，通常患者身材過高，智力受損，且無生殖能力。相反的，只有一個性染色體的人（變成XO而非XX或XY）是女的，但無第二性徵，患者身體上有種類不一的異常，有時智力也會受損，因為X染色體帶有許多基因，這種病叫做透納氏症候群（Turners syndrome）。在找出原因之前，醫學文獻上早就有這兩種病症的記載。

有關染色體異常的研究，許多國家都正如火如荼地展開。威斯康辛州大學由巴杜博士（Klaus Patau）領導的小組研究對象，就是先天性異常的疾病；患者通常智力不足，原因似乎和染色體複製有關，看來好像生殖細胞形成的時候有個染色體斷裂，而細胞在分裂時卻沒有把斷掉的碎片分配好，這種情形很可能就干擾到胚胎的正常發育。

我們目前已經知道，額外多了一條染色體通常是會致命的，因為會使胚胎無法存活，但有三個例外，其中一個就是唐氏症候群。然而，染色體若多了一截片段，雖有嚴重後果，但不一定會致命，據威斯康辛州大學研究人員表示：小孩若生下來有多方面異常，且智力發展受阻，很有可能是此原因所造成。

由於這方面的研究還很新穎，科學家比較熱中於探察哪些疾病或異常發育和哪些染色體異常有關，而對找出原因比較不關心，如果貿然假定某單一物質造成染色體受損或細胞不正常分裂，那當然是很不智，但是我們正在往環境中填塞會影響染色體，可能導致上述病症的化學物質；若藐視這項事實，我們付得起代價嗎？僅為了不會發芽的馬鈴薯或沒有蚊子的庭院，這樣的代價豈不是太高了？

只要我們願意，我們就能減少這種威脅，畢竟遺傳物質是經由二十億年的演化、選擇才傳給我們的，現在由我們擁有，以後還要再交給我們的下一代子孫，但我們都未曾想過要保存它的完整。雖然依法，化學製造廠商應該測試其產品的毒性，但是法律並未規定他們也要測試對遺傳的影響，而他們也沒有這麼做。

第 14 章

四分之一

癌症的增多，並不只是主觀印象。
美國人口統計處在一九五九年七月的月刊中指出，
因癌症死亡的人數，在一九五八年占百分之十五。
癌症協會估計，
四千五百萬美國人將來會得癌症，
占當時全美人口一億八千萬人的四分之一。

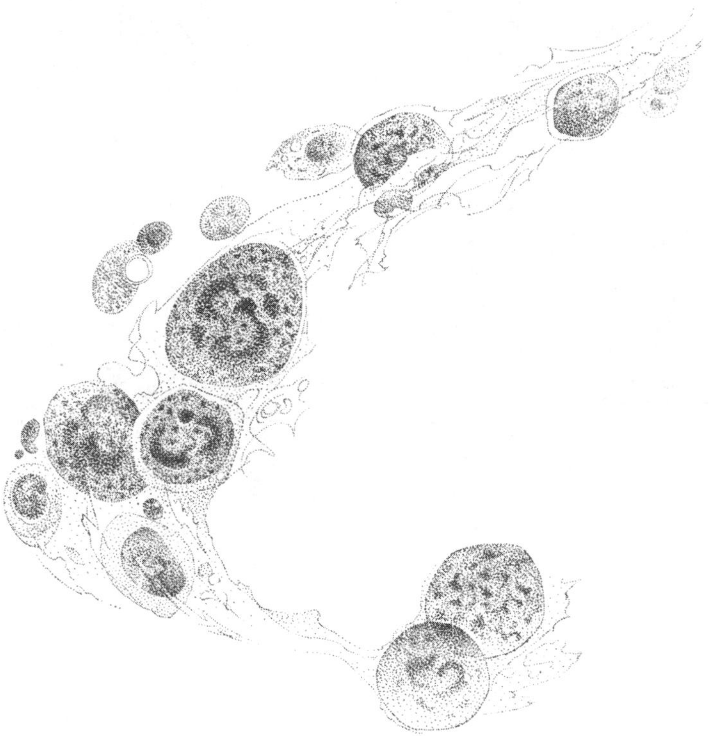

生物在非常久遠以前，就開始對抗癌症，雖然已經無法回溯癌症的起源，但一定是在天然的環境中形成的。每一種生物在此環境中，都必須承受來自太陽、暴風雨及地球古老性質的影響，這影響可能有利有害。若對生物有害，生物就得去適應，否則就滅亡了。陽光的紫外線會致癌，有些石塊也會發出輻射線，或者土壤及石頭中的砷會被雨水沖洗出來，汙染食物或水源。

在有生物之前的環境中，就有這些有害的成分，然而生物還是興盛起來，在數百萬年之間生生不息，經過大自然從容的考驗，有些生物終於能適應有害的環境因素，不能適應的就淘汰了。天然的致癌因子仍會繼續致癌，但數量並不多，且生物打從一開始就已適應了這些因子。

自人類來到之後，情況就開始改變。和其他生物不一樣的是，人會自己製造致癌物質，也就是醫學上所說的致癌物（carcinogens）。有些人造的致癌物在環境中已存在好幾世紀，煤煙就是一個例子，這是含有芳香族的碳氫化合物。打從工業時代開始，世界就在不斷地變化，而且速度愈來愈快。天然的環境已快速地由人造物所取代，其中含有無數新的化學與物理上的物質，這些物質很多對生物有極大的影響。人類對這些自己所生產的致癌物毫無抵抗能力，因為我們自己遺傳到的生物特性是慢慢演化而來的，所以對新環境的適應力發展得很慢。因此，這些物質能夠輕易突破身體防禦不周的屏障。

癌症的歷史已很悠久，但我們對致癌物的認識卻很遲緩。第一個想到外在環境的物質可能會致癌的人，是兩個世紀前倫敦的一位醫師。一七七五年，包特爵士（Sir Percivall Pott）宣布，清掃煙囪的工人常患陰囊癌，一定是煤煙累積在身體裡所致。他無法提供我們今日所講求的「證據」，但現代醫學研究方法已分離出煤煙裡的致癌物，證實他的見解正確。

自包特爵士的發現之後，經過了一百多年，似乎很少人了解到環境中某些化學物質可以因多次皮膚接觸、吸入或吞食而致癌。不過已有人注意到，在克侖威爾及威爾斯地區的煉銅廠和鑄錫廠，接觸到砷氣的工人常罹患皮膚癌；而薩克森（Saxony）的鈷礦與波希米亞的祖阿奇姆士達（Joachimsthal）的鈾礦工人，肺部常得一種病，後來鑑定之下才知道是癌症。但這都是發生在工業時代以前的事；而工業時代以後，所有產物都充斥在環境的每一個角落。

工業時代最早的致癌物，是在十九世紀末期發現的。那個時候，巴斯德正好提出傳染病是由細菌所引起的理論，而其他人則發現化學物質可以致癌——薩克森的新褐煤工業與蘇格蘭的頁岩油工業工人常患皮膚癌，而職業上必須接觸柏油與松脂的人也常患有其他癌症。截至十九世紀結束前，就已知道有六種工業產生的致癌物。到了二十世紀，人們更製造出無數新的致癌物質，並使之普遍進入一般大眾的日常生活中，在包特爵士之後的兩百年之中，環境的變化實在是不小，接觸致癌物的人，不再受職業所限，而是每一個人，甚至正在以驚人的速度不斷增加。

癌症增多，並不只是主觀印象。美國人口統計處在一九五九年七月的月刊中指出，因癌症死亡的人數，在一九五八年占百分之十五，而在一九〇〇年只有百分之四。據癌症協會估計，目前有四千五百萬美國人將來會得癌症，也就是說，有三分之二的家庭會有人得癌症。＊

有關兒童的情況更令人擔心。二十幾年前，兒童罹患癌症的比例非常低，今天在美國，死於癌症的兒童比死於其他病症的都還要多，情況甚至嚴重到波士頓必須成立美國第一所專門治療癌症的兒童醫院。一歲到十四歲的兒童死亡中，有百分之十二死於癌症；許多不到五歲的兒童，也發現患有惡性瘤，更可怕的是，剛出生或尚未出世的嬰兒也發現體內有惡性瘤。美國國立癌症學院的休伯博士是環境癌症的權威，他認為嬰兒先天性或後天性的癌症，可能是由於母親在懷孕期間接觸到致癌物，而致癌物

＊編按：一九六〇年美國人口普查，全美人口總數為一億七千九百萬人，本章以四分之一為名，即指估計會得到癌症的人數比例。

便透過胎盤對發育中的胎兒產生作用。已有實驗發現，接觸致癌物的動物年歲愈小，愈有可能罹患癌症，佛羅里達州大學的的雷依博士（Francis Ray）曾警告：「我們可能正在用化學物質（加入食物中）使兒童開始長癌細胞……不知在一、兩代之後，會發生什麼後果。」

在此我們最關心的問題是，我們用來控制大自然的藥物，是否直接或間接地導致癌症。從動物實驗的結果，我們可以看到，有五種或者六種殺蟲劑必然是致癌物。如果也把造成白血病的物質列進去，則名單就更長了。這裡的證據都只是間接性的，因為無法直接用人做實驗，不過還是很有可信度。另外有些殺蟲劑會間接導致癌症，也將在下文中討論。

最早發現會致癌的化學物質是砷，在除草劑中是亞砷酸鈉，在殺蟲劑裡則是砷酸鈣及其他各種化合物。砷會在人和動物身上致癌是人們早就知道的，休柏博士在他有名的著作《職業性腫瘤》中，對這方面就有深入的描述。西利西亞（Silesia）的里卻斯丹市（Reichenstein）在近一千年來，一直都是金礦與銀礦的產地，而過去數百年中也開採砷礦。幾世紀來的砷礦廢棄物就堆在礦井附近，使其被高山流下來的河水沖走，地下水也受到汙染，砷遂進入飲水中。這地區的居民，幾世紀以來就罹患所謂的

「里卻斯丹病」，這是慢性的砷中毒，肝臟、皮膚、腸胃道及神經系統都遭到破壞，並且常有惡性腫瘤。里卻斯丹病現已成為歷史，因為五十年前人們已換了新的水源，把砷去掉。不過，阿根廷的科多巴省（Córdoba）卻正流行慢性砷中毒，患者多有皮膚癌，因為飲水是取自從含砷的山岩流下來的河水。

只要長期使用含砷殺蟲劑，就不難產生像里卻斯丹和科多巴所發生的情況。在美國，煙草田、西北部的果園，以及東岸蔓越橘產地的土壤中都浸泡著含砷殺蟲劑，這是很容易汙染到水源的。

被砷汙染的環境，不只危害到人，也危害到動物。一九三六年在德國薩克森的弗萊貝格（Freiberg）附近煉製銀和鉛的工廠排放含砷煙氣，使之飄盪到鄉村，降落在植物上。據休伯博士的記錄，吃了這些植物的馬、牛、羊及豬都有皮毛脫落、皮膚增厚的現象。附近森林的鹿身上也出現不正常的色素斑點，並有癌症前期的浮腫，其中有一隻肯定得了癌症。無論是家畜或野生動物，都罹患「腸炎、胃潰瘍及肝硬化」。養在工廠附近的羊，發生鼻竇癌，死後發現腦部、肝臟和腫瘤內都含有砷；同時該區的昆蟲，特別是蜜蜂，死亡率高得非比尋常，下雨過後，雨水把砷沖洗到溪流中，又死了許多魚。

在新的有機殺蟲劑中，有一種常用來消滅蝨子及扁蚤的化學物質就是一種致癌物。這種物質的使用可充分證明，儘管有法規保障安全，一般大眾仍有可能在接觸致癌物好幾年之後，才有法規慢慢訂立，改善狀況。這故事又告訴我們有趣的一點，那就是今天是「安全」的物質，明天可能變得極端危險。

該化學物質在一九五五年問世的時候，廠商申請一個耐藥標準，容許受噴灑的農作物留存少量殘餘。依法，申請者應已做過動物實驗，將結果附在申請表中。不過，食品與藥物管理局的官員卻認為，實驗結果顯示這物質有致癌的可能性，而建議耐藥標準應該定為零，也就是說運出州界外的食物不得留有化學殘餘。但廠商上訴後，審核案子的委員會決定妥協，耐藥標準定為1 ppm，產品准予上市兩年，這期間需要再做實驗以決定是否有致癌性。

委員會雖然沒有明講，但他們顯然決定把大眾當作天竺鼠，和實驗室的狗與老鼠一起供作測試致癌物，不過實驗室的動物很快就提供了答案。兩年之後證實了這種物質真的會致癌。然而，即使在那時候，即一九五七年，食品與藥物管理局還不能馬上取消耐藥標準，還需一年時間提出各種法律措施。最後在一九五八年十二月，該局官員於一九五五年建議的零耐藥標準才開始生效。

農藥中的致癌物當然不只這些。DDT在動物實驗中會產生疑似肝癌的病症，從事這些實驗的食品與藥物管理局官員，不能確定如何分類，但是覺得可以將這病症視為輕度肝細胞瘤；現在休柏博士已很肯定地把DDT定為「化學致癌物」。

屬於氨基酸鹽的兩種除草劑：IPC和CIPC，會使老鼠產生皮膚癌，有些是惡性的。這些化學物質似乎會引起變化，再藉著環境中其他化學物質來完成惡性癌細胞產生的過程。

除草劑氨基三氮醇會使實驗動物產生甲狀腺癌，在一九五九年，有些蔓越橘果農濫用這種物質，使運到市面出售的產品留有殘餘。食品與藥物管理局沒收汙染的蔓越橘時曾引起紛爭，連醫學人士都不認為此物質會致癌。後來該局發表的實驗結果，確實證明了氨基三氮醇對實驗老鼠有致癌作用。若在老鼠的飲水中加入100 ppm（或是在一萬茶匙中加一茶匙的物質），老鼠在第六十八週就會開始長出甲狀腺瘤。兩年之後，一半以上的老鼠都長瘤，有惡性也有良性的。即使減低劑量也會一樣使老鼠長出腫瘤；事實上，沒有一個劑量會低到不會長瘤。當然，沒有人知道使人致癌的劑量是多少，但就如哈佛大學醫學系教授勞斯坦博士（David Rutstein）指出的，人類施用的劑量很可能就是造成危害的劑量。

至於新製造的氯化碳氫化合物殺蟲劑及現代除草劑，目前還沒有足夠時間充分顯露它們的作用，惡性癌症發展得很緩慢，可能需要相當長的時間才會在臨床上顯出症狀。在一九二〇年代初期，有些在夜光錶面著色的婦女，因為用畫筆碰觸嘴唇而吃下小量的鐳，這些婦女有些在十五年或更長的時間之後得了骨癌，有些因職業關係導致的癌症，在十五到三十年之後才發病。

除了工業上的致癌物，在殺蟲劑方面，DDT約於一九四二年由軍方首次使用，而民眾於一九四五年開始使用，到了一九五〇年代初期，人們開始使用各式各樣的殺蟲劑與除草劑。這些化學物質所散播的種子，終有一天會發展成惡性腫瘤。

不過，並不是所有惡性腫瘤都需要很長的時間發展，這個例外就是白血病。在廣島經歷過原子彈轟炸的生還者，僅三年時間就罹患白血病，而且有證據顯示，潛伏期還可能更短。其他種類的癌症可能有更短的潛伏期，但是依目前看來，白血病似乎是潛伏期最短的癌症。

自現代殺蟲劑問世以來，白血病罹患率就一直不斷上升。美國人口統計處清楚地顯示，造血組織得癌症的比例增加得令人驚懼。在一九六〇年，有一萬兩千兩百九十個人死於白血病，死於各種血癌或淋巴癌的總共有兩萬五千四百人，比起一九五〇年的一萬六千六百九十人，的確是增加很多，若以總人口來計算，是從一九五〇年的十一點一升到一九六〇年的十四點一。不只在美國，在其他國家，各年齡階層死於白血病的人，也以每年增加百分之四或五的比率上升。這是什麼意思？是什麼致命物質來到環境中，使人們接觸的頻率愈來愈高？

像梅約診所（Mayo Clinic）等著名的醫院，收了好幾百名患有造血器官長癌的病人。梅約診所血液科的哈格夫斯醫師（Malcolm Horgraves）和他的同事在報告上說，所有的病人都曾接觸過各種有毒的化學物質，包括DDT、科羅丹、苯、靈丹及石油蒸餾液等，無一例外。

哈格夫斯醫師深信，和環境中各種有毒物質有關的疾病一直不斷地在增加，「特別是過去十年中」。從他豐富的臨床經驗，他認為「絕大多數患血液惡質症（blood dyscrasias）及淋巴疾病的人，都接觸過各式各樣的碳氫化合物，包括今天大部分的殺蟲劑。仔細檢視醫學記錄，就可以確定兩者有因果關係。」根據每一個病人的病歷，包括白血病、再生不良性貧血（aplastic anemias）、霍杰金氏病（Hodgkins disease）及其他血液與造血組織的各樣病症。他寫道：「他們都曾接觸過這些存在於環境中的化學藥物，而且接觸的劑量還不少。」

這些是怎麼樣的病例呢？有位家庭主婦非常討厭蜘蛛，八月中旬她用ＤＤＴ與石油蒸餾液的混合溶劑把整個地下室仔細噴灑了一遍，包括樓梯下、壁櫥內、天花板與屋緣所有隱密的地方。她噴完之後就覺得很不舒服、感到噁心、極端焦慮與緊張。幾天之後她覺得好了一些，但顯然一點都沒懷疑使她不舒服的原因。她在九月又把整個地下室噴灑了兩次，同樣在噴完後覺得不舒服，但暫時恢復後又再噴藥。在第三次噴藥之後，新的症狀出現：發燒、關節疼痛、全身不適、一隻腿患有急性靜脈炎。哈格斯夫醫師檢查發現她患的是急性白血病，幾個月以後她就死了。

哈格斯夫醫師另有一個病人，他的辦公室是在一棟老舊的大樓裡，內有許多蟑螂，這些蟑螂讓他感到厭惡，於是他便親自採取行動，花了一整個星期天噴灑地下室及所有隱密的地方。他噴灑的藥物是含有百分之二十五ＤＤＴ的甲基化萘溶劑。在短時間內他開始皮下出血，由於身體多處出血，他因而住院檢查，結果發現有再生障礙性貧血，即骨髓量降低。接下來的五個半月，他共接受了五十九次的輸血，此外還有其他治療，後來雖然好了一些，但九年之後又得了致命的白血病。

所有殺蟲劑中，最常在病歷出現的是ＤＤＴ、靈丹、六氯化苯、硝基苯酚、對二氯苯、克羅丹，當然還有溶解這些藥品的溶劑。哈格斯夫醫師強調，病人往往不只接觸單一種化學物質。市面上的產品通常混有好幾種化學物質，而溶解在石油蒸餾液及解離物質中，這些溶劑本身的芳香族環及不飽合碳氯化合物，可能對造血組織就有很大的危害。其實把溶劑和藥物分開討論是沒有意義的，因為噴灑大部分的藥物時，二者是密不可分的。

美國及其他國家的醫學文獻，都有強力的病例支持哈格斯夫醫師的見解，認為這些化學物質與白血症及其他血液相關病症有因果關係，這些病例中的病患，都是一般人：農夫接觸到自己或飛機噴藥的「落塵」；大學生用噴霧器去除螞蟻，並且還留在噴過藥的房間唸書；婦人在家裡使用一具手提靈丹噴霧器；工人在噴過克羅丹和托殺芬的棉花田工作等。

其中有個病例，是捷克一對表兄弟，他們住在同一個小鎮，常常一起工作玩耍。這個病例以醫學用詞，將此人間悲劇冷靜地敘述出來。他們最後一次工作是在合作農場幫忙卸下袋裝殺蟲劑（六氯化苯）。八個月之後，其中一個男孩得到急性白血病，九天後就死了。這時，他的表弟開始容易疲倦、發高燒，不到三個月症狀就變得更嚴重而被送進醫院，同樣的，醫生的診斷也是急性白血病，不久也是回天乏術了。

瑞典還有一個農人病倒，令人聯想到日本鮪魚船福龍丸的漁夫久保山。和久保山一樣，這個農人一直都很健康，靠陸地謀生就像久保山靠海謀生一樣。*但是從天空飄下的毒藥，把這兩個人都判了死刑；對久保山，是放射落塵，對農人則是化學性落塵。這農人曾用DDT及六氯化苯噴灑他六十英畝的土地，在噴灑的時候，陣風將帶藥的雲霧吹向他周圍。據倫地（Lund）診所的記錄，「到了晚上，他覺得特別累，隨後幾天他都很虛弱，背痛、腳痛、發冷、不得不躺在床上。但情況愈來愈嚴重，到五月十九日（噴藥後一個星期），他申請入院。」他發高燒，血球數也不正常，經轉送到該診所後兩個半月就死了，死後檢查發現，他的骨髓都已消耗殆盡。

像細胞分裂這種正常而必要的步驟會變得怪異且具破壞力，已是許多科學所關心的課題，無數的金錢也已投在這方面的研究上。細胞內到底發生了什麼事，把規律的增殖變成狂野、無法控制的癌細胞呢？

答案必然不少。就好像癌症有很多面，有不同的起源與發展過程；有許許多多影響細胞生長或退化的因素，導致癌症的原因當然也有很多種。然而，使細胞變化的，可能只是幾種基本的破壞機制所致。從各地的研究，即使不是針對癌症的研究，我們仍可看到一絲曙光，或許日後可以得到解答。

在此要重中的是，唯有從生命最小的單位來看，即細胞和染色體，我們才能有夠

*編按：一九五四年三月一日，美國在太平洋馬紹爾群島的比基尼環礁試驗氫彈，日本漁船第五福龍丸正在附近公海作業，核爆使船上二十三名船員受到放射塵傷害，無線通信長久保山愛吉逾半年後因輻射線引發的病症逝世。

廣的視野來解決這個謎題。在這小天地裡，我們一定要去尋找使細胞從正常的運作機制大幅改變的因素。

有關癌症起源最有力的理論，是由德國馬克斯・浦蘭克（Max Planck）細胞生理學院的奧托・沃堡教授（Otto Warburg）所提出。他一生致力於研究細胞複雜的氧化作用，根據他廣博的知識，提出了一個正常細胞轉變成癌細胞的清楚解釋。

沃堡教授認為，輻射線或化學性致癌物會阻礙正常細胞的呼吸作用，使能量無法產生，劑量雖小但若多次接觸，就會有這種結果，而且不能恢復正常。細胞若未因無法呼吸而立即死亡，就會拚命作功以補償失去的能量。但是它們已不能進行那種高效能，製造大量ATP的循環，只能從事原始、效率較低的發酵作用。為了生存，發酵作用延續了好長一段時間，其間細胞分裂照常進行，以致所有子細胞都用這種不正常的方法呼吸，細胞一旦失去正常的呼吸功能，就無法回復，就算過了一年、十年或幾十年也一樣，但漸漸的，為了拚命保住能量，細胞會慢慢增加發酵作用，這是一種達爾文式的掙扎模式，唯有最適應的才能生存。等細胞掙扎到發酵作用產生和呼吸作用一樣多的能量時，就形成了癌細胞。

沃堡教授的理論解開了幾個令人困惑的問題。癌症的潛伏期，就是細胞進行無數次細胞分裂，發酵作用慢慢增強所需的時間，每種動物各自不同，依發酵作用的效率而定；對老鼠而言很短，其癌細胞很快就可以產生，對人類就很長，惡性瘤的發展，可以花上好幾十年的時間。

沃堡教授的理論也說明了為什麼少量而多次接觸致癌物，在某種情況下，要比單一種大劑量危險；大劑量會馬上把細胞殺死，而小劑量能讓細胞生存，但生理狀況已然受損。這種細胞最後就變成癌細胞，這也是為什麼致癌物沒有「安全」劑量的原因。

此外，同一種物質可以治療癌症也可以導致癌症的問題，也可從沃堡教授的理論得到解釋。大家都知道，輻射線便是如此，它既能殺死癌細胞，也可以致癌，許多用來治療癌症的化學物質也是如此。為什麼呢？因為二者皆能破壞呼吸作用，由於癌細胞的呼吸作用已經受損，所以再有額外的損壞就會死亡。正常細胞是第一次接觸所以不會死，但也會慢慢走上變異的道路，最後變成癌細胞。

在一九五三年，有其他研究人員在長時間內，偶爾停止供應氧氣給細胞，竟把正常細胞變成了癌細胞；這個結果證實了沃堡教授的理論。接著在一九六一年，又有新的證據產生，這項研究對象不是培養中的組織，而是活的動物，研究人員把放射性追蹤物質注入患有癌症的老鼠體內，然後仔細測量老鼠的呼吸率，結果發現牠們發酵作用的速率比正常的高出很多，正如同沃堡教授所預測的。

若依據沃堡教授所建立的標準，大部分的殺蟲劑與除草劑都完全符合致癌物的條件。如我們在前面幾章所看到的，許多氯化碳氫化合物、酚類，以及除草劑都會干擾細胞的氧化作用及能量生產的過程。也就是說：這些物質會造出潛伏的癌細胞，經過一段長時間，始因無法追溯或已遺忘之後，才浮現出癌細胞的面目。

另一個導致癌症的管道，是透過染色體。許多在這方面研究享有盛名的人士，認為會破壞染色體，干擾細胞分裂或導致突變的物質，都有可能致癌。雖然有關突變的研究，多半針對生殖細胞及其對後代的影響，但是體細胞也會產生突變。根據癌症起源的突變理論，在輻射線及化學物質的影響下，細胞會發生突變，變得不受細胞分裂的正常機制所控制，因而能無規律地大肆增殖。這種細胞分裂所生成的子細胞也有不受控制的能力，因此這些細胞會不斷累積，造成癌症。

也有研究人員指出，癌細胞的染色體很不穩定，容易受損，數目也不正常，有時甚至有兩套染色體。

最先查明染色體不正常會導致癌症的，是在紐約史隆—克特林學院工作的亞伯特・李凡（Albert Levan）和約翰・比瑟（John J. Biesele）。到底是先有癌症，還是先有染色體異常？他們毫不遲疑地答道：「染色體異常先開始。」他們推測，染色體一開始受損的時候，在一段很長的時間內會很不穩定（即潛伏期），經過好幾代細胞分裂與嘗試錯誤之後，才會產生一套突變的組合，以逃脫細胞的控制，為所欲為地增值，便形成癌症。

最早提出染色體不穩定會導致癌症的人，也包括歐文・溫基（Ojuind Winge）在內；他認為染色體數目加倍的現象特別重要。六氯化苯及其相關化合物——靈丹，在幾個不一樣的植物實驗中，都一致造成染色體數目加倍，且亦有充分記錄顯示這兩種物質可能會造成致命的貧血症；這難道是巧合嗎？至於其他會干擾細胞分裂、破壞染色體、導致突變的殺蟲劑，又是如何呢？

我們很容易便可以看出，接觸輻射線或化學物質容易罹患白血病的原因。致癌物最主要的目標，就是分裂特別活躍的細胞。這種細胞有許多種，其中最重要的是造血細胞，在我們的一生中，骨髓是製造紅血球的主要場所，每秒鐘會把一千萬個新血球送入血液中。白血球是在淋巴腺形成的，但骨髓細胞也生產大量的白血球，只是生產速率不定。

有些化學物質就像放射性的鍶九十，特別容易破壞骨髓。殺蟲劑常用的成分——苯，會堆積在骨髓中，時間可長達二十個月之久，早在許多年前就有醫學文獻確定苯會造成白血病。

小孩身體中快速成長的組織也很適合癌細胞生長。柏納爵士曾指出：白血病的罹患率不但全世界都提高，在三、四歲的年齡層中也趨於普遍。他表示：「三、四歲兒童的罹患率之所以會這麼高，多半是因為他們在出生前後曾受到致癌物質的刺激。」

另一樣致癌物是尤利丹。懷孕的母鼠若餵予尤利丹，不但會得肺癌，連牠們的幼鼠也會。由於幼鼠只有在出生時才可能接觸到尤利丹，所以尤利丹必然能通過胎盤。就如休柏博士所警告過的，接觸到尤利丹或相關物質的人，可能會將之傳給胎兒，使嬰兒出生時已長出腫瘤。

和尤利丹有關的除草劑，有IPC和CIPC。雖然癌症專家曾一再警告，但這種氨基甲酸鹽仍然很普遍，不但用於殺蟲劑、除草劑及殺菌劑，也包含於眾多種類的製品中，包括塑膠、醫藥、衣服，以及絕緣物質等。

此外，有些因素也間接造成癌症。在正常情況下不會致癌的物質，可能會破壞身體某部分的正常功能，而導致癌症。例如：生殖系統的癌症，似乎和荷爾蒙失調有關，而這種失調又有可能是因為某些物質影響肝臟，使之無法調節性荷爾蒙濃度。氯化碳氫化合物正是這種物質，因為它們多少都對肝臟有害，才會間接引起這一類的癌症。

在正常情況下，性荷爾蒙當然存於體內，從事和各種生殖器官有關的功能。為了預防雄性或雌性荷爾蒙積聚過多（兩性體內都會產生這兩種荷爾蒙，只是產量不同），肝臟會保持兩者的平衡。不過，如果肝臟因疾病或化學物質受到損害，或者維生素B群缺乏，雌性荷爾蒙就會增加到不正常的程度。

有什麼後果呢？我們已從動物實驗得到充分的證據。洛克菲勒醫學研究中心的研究人員發現，兔子的肝臟若因病受損，就很容易得子宮癌，因為肝臟無法阻止血液中雌性荷爾蒙作用，使其濃度節節上升，最後導致癌症。用老鼠、天竺鼠及猴子所做的實驗顯示出，長期注射雌性荷爾蒙（劑量不一定很高），會使生殖器官的組織發生變化，形成從良性腫瘤到惡性癌症等程度不一的後果。此外，注射雌性荷爾蒙也會使倉鼠的腎臟長出腫瘤。

雖然醫學界對這個問題意見分歧，但是很多證據顯示類似情況也會發生在人體身上，麥磯大學（McGill）皇家維多利亞醫院的研究人員發現，在一百五十個子宮癌病例中，雌性荷爾蒙過高的病人就占了三分之二。在另一個研究中，二十個病例裡有百分之九十的病人有雌性荷爾蒙活性過高的現象。

因肝臟損壞而使雌性荷爾蒙無法被代謝掉，有時是醫學界以現有檢查步驟檢查不出的。氯化碳氫化合物很容易造成這種後果，因為就如我們前面所看到的，只要極少量這種化合物就能改變肝細胞，同時也能造成維生素B群的流失。後者也是形成癌症重要的一環，因為這些維生素能預防癌症。已故的勞德斯（C. P. Rhoads）曾任史隆－克特林癌症中心的主席，就發現動物若餵予含豐富維生素B的酵母，儘管接觸到化學致癌物，也不會得癌症。罹患口腔癌及消化道等其他部位癌症的病人，已發現有維生素B缺乏的現象。不只是美國，瑞典及芬蘭北部飲食中常缺乏維生素B的地方，也有這種情形發生。肝癌罹患率高的種族，如非洲的班圖族（Bantu），原因乃是典型營養不良；非洲部分地區的男性常患乳癌，也是和肝病及營養不良有關。戰後的希臘在糧食缺乏期間，就曾發生男性普遍乳房腫大。

總而言之，殺蟲劑或除草劑能間接致癌，是因為它們會破壞肝臟，減少維生素B的供應，導致身體所分泌的雌性荷爾蒙量增加，此外，我們也愈來愈常接觸到種類廣泛的人造雌性荷爾蒙——化妝品、醫藥及食物中所含有的，以及因職業上的需要所接觸到的物質；所有這些影響若全部結合起來，勢必會造成嚴重後果。

人接觸致癌物質（包括殺蟲劑），常不是我們所能控制的，而且接觸的次數往往不止一次，也可能會透過不同方式接觸到同一種物質，砷就是一個例子。每個人的環境中，都充斥著形態不一的砷：空氣汙染、水質汙染、食物中的化學物殘餘、醫藥、化妝品、木材防腐劑，或是顏料及墨水的色劑。或許單單接觸上列其中一種物質還不致引發癌症，但吸收任一種物質的「安全劑量」，可能就足以使已經充滿其他「符合安全劑量物質」的身體發生病變。

這種病變也可能是兩種以上不同的致癌物一起作用所致，因為這些作用有加乘的效果。例如：接觸到DDT的人，必也曾接觸到有害肝臟的碳氫化合物，因其用途廣泛，如溶劑、除漆劑、去油劑、乾洗劑，以及麻醉劑等。那麼，DDT的安全劑量，應該是多少呢？

更複雜的是，化學物質可以彼此作用，有些癌症需要兩種化學物一起作用才會引發，其中一種增高細胞或組織的敏感度，使另一種物質發揮作用，而導致癌症。因此，IPC和CIPC等除草劑也許會誘發皮膚癌，種下惡性瘤的因子，而讓其他化學物質，如一般用的清潔劑，去實際導引出癌症。

物理作用與化學物質之間，也會互相作用。白血病的形成或許有兩個步驟，由X放射線引發，再由化學物質如尤利丹等去促成。由於接觸輻射線的人愈來愈多，再加上化學物質的接觸，現代世界將面臨到一個非常嚴重的新問題。

受到放射性物質汙染的水源，又是另一個問題。由於水中也含有化學物質，所以放射性物質可能會藉離子輻射的作用，以無法預測的方式重接編排原子的位置，形成性質不同的新物質。

全美國的水質汙染專家都一致擔心公共水源已普遍遭受清潔劑的汙染。現有水質處理方法不能去除清潔劑，雖然清潔劑通常不會致癌，卻能改變消化道的內膜組織，使危險的化學物質更容易被吸收，間接造成癌症的併發。但是這種情況誰能預料？又有誰能加以控制？除了零劑量外，致癌物還有哪一種劑量是「安全」的？

對於環境中的致癌物，我們冒著生命危險一直在容忍，從最近發生的一件事情可以清楚看出來。在一九六一年春天，屬於美國聯邦或州政府以及私人所有的魚卵孵化場，正流行虹鱒肝癌；美國東部與西部的虹鱒也都受到感染，有些地區甚至所有三歲以上的虹鱒都得到癌症。國立癌症研究院的環境癌症組，事先就和魚類與野生生物管理局立下協議，所有罹患癌症的魚類都必須向該研究院報告，以儘早向民眾警告水質受到汙染，有致癌的危險。

目前人們還在研究這種流行病的真正原因，初步證據顯示是由魚苗食物中的某種物質所引起。這種食物除了基本的食品外，還添加種類繁多的化學物質及藥品。

從鱒魚的事件我們可以了解，把致癌物帶入環境中會有什麼後果。休柏博士認為這個事件就是給我們的嚴重警告，我們應嚴加管制環境中致癌物的數量與種類。他表示：「如果不採取預防措施，類似的災難也會慢慢醞釀，最後會發生在人類身上。」

誠如某研究人員所說的，我們正住在一片「致癌物的汪洋」中。對此我們當然會深覺失望，容易感到氣餒、灰心。很多人都覺得：「這一切不是很無望嗎？」「難道不能設法把環境中的致癌物去除嗎？」「我們不是應該集中精力進行研究，找出治療癌症的方法？」

休柏博士這位多年致力於癌症研究的學者，也曾被問及上述問題。從他的回答可以看出，他已深深思考過這些問題。他認為當今人類面臨癌症的情況，和十九世紀末人類面對傳染病的情形很類似，把疾病和病原體的因果關係確立起來的，是巴斯德（Pasteur）與柯霍（Koch）傑出的研究成果。也因此，醫學人士甚至一般大眾才逐漸感受到人的環境中有無數能夠致病的微生物，就好像今天人們意識到環境中充斥著致癌物一樣。

目前，大部分的傳染病都已受到相當有效的控制，有些甚至已消聲匿跡。這些輝煌的醫學成果，是透過預防與治療雙管齊下達成的。很多人以為是靠著「仙丹」、「妙方」，其實對付傳染病的主要功臣，是去除環境中的病原體。舉例來說：在一百多年前，倫敦霍亂猖獗；有位醫生約翰．史諾（John Snow），發現病例都集中在某地區，而當地居民都用布羅德街（Broad Street）的抽水機取水。*史諾醫生馬上採取決定性措施，把抽水機的把手拿掉，傳染病就停止蔓延了——不是靠仙丹把霍亂的病原體殺死（當時還沒有人知道是什麼病原體），而是把病原體從環境中排除。即使是治療方法，除了使病人康復外，也有減少傳染病源的效果。今天患肺結核的人已經不多，就是因為一般人接觸結核菌的機會已減小很多。

今天我們的世界充滿了致癌物，把全部或大部分精力用在尋求治療癌症的方法這種應對措施，若依休柏博士的看法必然失敗，因為留在環境中的致癌物仍然會比以治療法治癒病人更快的速度入侵新的管道。

為什麼我們遲遲不採取預防措施對付癌症呢？休柏博士表示：「比起預防措施，癌症治療比較具體，也比較令人興奮、著迷，而報酬率也比較高。」然而，癌症預防

*編按：此案確認霍亂病原可藉由水傳播，首次清楚指出環境衛生攸關國民健康，在公共衛生史上是重要案例。

「絕對是比較人道，也比癌症治療有效。」休柏博士對「每天早餐前服用一顆妙方仙丹」這種預防癌症的方式感到不屑。一般人會有這種不切實的想法，是因為他們以為癌症雖然神祕，但卻是單一一種疾病，致病的原因只有一種，而或許也有一種治療方法可尋。當然這絕非事實；環境所致的癌症是由種類繁多的化學物質及物理作用所引起的，因此癌症在生理學上的形成也各有不同。

即使醫學上早就應許會有真的「突破」到來，也不會是所有癌症的萬靈丹。雖然研究治療癌症病患的方法一定要繼續，但是不要以為解決辦法有一天會突然出現，把一切癌症一舉清除；這些辦法將會緩慢地，一步一步地出現。我們花上百萬金錢在研究計畫，把所存希望寄託在找尋妙方，卻忽略了預防癌症的大好機會。

情況絕對還不到無望的時候，甚至還比十九世紀末傳染病流行的時期光明。那時到處都有病原體，就如今天充滿致癌物一樣；只不過人類並未把病原體放入環境中，病菌蔓延也不是人們有意造成的，然而，環境中大部分的致癌物卻都是人放進去的，只要我們願意，我們就可以把它們去掉。致癌物是以兩種方式進入我們的世界：第一種是由於人們要求更好、更簡便的生活，第二種是由於製造和銷售這些化學物質已成為我們經濟與生活方式的一部分。

當然，要把所有化學性致癌物從現代世界中去除是不切實際的想法；但許多化學物質都不是生活上的必需品，去除這些物質可以大大減輕致癌物的數量，而且每四個人之中就有一人可能遭到癌症威脅的情形，也可大為緩和。我們應該拿出魄力，把汙染食物、水源及大氣中的致癌物清除，因為這是最危險的致癌途徑——經年累月，每天一而再，再而三地一丁點、一丁點地吸收。

在癌症研究的領域中，有很多人看法和休柏博士一樣，覺得認清環境中的致癌物，把這些物質去掉或減低用量，可以使癌症罹患率大為減低。對於已經患有癌症的人，當然治療上的研究得繼續進行，但是對於還未得到癌症或尚未出生的下一代，實施預防措施乃是當務之急。

第 15 章

大自然的反撲

現代的昆蟲防治計畫忽略了兩個重要事實：
第一個是大自然用的昆蟲防治法才真的有效，
而不是人的。
而一旦環境阻抗的力量減弱，
昆蟲的繁殖能力便具有絕大的爆發性，
許多生物的繁殖力是超乎我們所能想像的……

我們冒了這麼多危險，努力去改造大自然並滿足我們的需要，最後還是沒有達到目的，這實在是個諷刺。事實上，不用說大家都知道，自然界是不容易被改造的，而昆蟲也在設法克服我們對牠們展開的化學戰。

荷蘭的生物學家白吉爾表示：「大自然中最令人讚嘆的就是昆蟲。對牠們而言，沒有什麼是不可能的，再不可能的事都可能發生。深入研究昆蟲的人，會不斷因其神奇的能力感到驚訝無比。」

這種「不可能」的事，現在正以兩種攻勢展開：第一種是經由基因選擇的過程，昆蟲已發展出抗藥性，這一點將在下一章討論；另一個牽涉更廣的問題，是化學物質削弱環境本身具有的防禦力。這種防禦力為的是保持各種生物的數量，一遇有漏洞，就會興起一大群昆蟲。

從世界各地的報導顯示，我們的麻煩可大了。化學防治法用了十幾年，昆蟲學家卻發現，幾年前以為已解決的問題，現在又回來困擾他們。以前數量不多的昆蟲，現在已增加到危及人類利益的程度。化學防治法的本質，就是自毀性的，因其設計與應用均未考慮到生物複雜的系統結構。人們在測試化學物質時，只針對少數幾個種類，卻未測試天然環境中族群的反應。

目前有些人以為，大自然的平衡是早期世界比較單純時的事，而現在已經有太多的改變，沒有必要再去談它；又有些人以為這只是一種假說，不足為據，今天大自然的平衡當然和洪荒時期不一樣，但是仍然存在著，生物間複雜、精確，而且具高度整合性的關係，不能隨便忽略，就好像站在懸崖邊緣的人，若藐視重力定律，能不受到處罰嗎？自然的平衡不是一種固定的狀況，而是流動的、不斷變化的，一直都在調適當中。人類也是平衡中的一部分，有時平衡對人有利，有時——往往由於人自己的所做所為，使平衡轉為不利。

現代的昆蟲防治計畫，忽略了兩個重要的事實：第一個是大自然用的昆蟲防治法才真的有效，而不是人的。生物的數量是由生態學家所謂的「環境阻抗」所控制，而這種作用早在第一個生命出現的時候就開始了，食物、氣候以及天敵都非常重要。生物學家米卡（Robert Metcaef）表示：「防止昆蟲占據全世界的最大要素，是牠們互相殘殺。」然而大部分的殺蟲劑把所有昆蟲都殺死了，不管是敵人或是朋友。

受到忽視的第二點事實是，一旦環境阻抗的力量減弱，昆蟲的繁殖能力便具有絕大的爆發性。許多生物的繁殖力是超乎我們所能想像的，記得在學校唸書的時候，我曾在沒有乾草和水的瓶子中加上幾滴含草履蟲的培養液，幾天後瓶子裡就出現無以計數的生命，每一隻草履蟲小如砂塵，在這個暫時的伊甸園中，有適合的溫度、豐富的食物，又無敵害，全部都在肆無忌憚地繁殖。我又想到海邊附在石塊上的藤壺多的一望無際，或者成群游過的水母，綿延不絕，好像和水一樣無形無體。

大自然神奇的控制能力，可以從鱈魚冬天到產卵地產卵的現象看得出來。每一隻雌性鱈魚可產下數百萬個卵，若鱈魚的每一個子孫都存活下來，海裡勢必要擠滿鱈魚，但事實並非如此。自然的控制法是，每數百萬隻幼魚中，平均只有一、兩隻能順利成長至成熟個體，繁衍下一代。

有些生物學家為了自娛而想像，若某種天然災害使得大自然失去阻抗能力，某動物種類的所有子孫都得以存活下來，會發生什麼事？一百多年前，赫胥黎（Thomas Huxley）就曾估計，僅僅一隻雌性蚜蟲（這種蟲不須交配就能繁殖）在一年之中所能生產的蚜蟲子孫，就和他那時代的中國人一樣多！

幸好這只是理論，但唸過有關動物繁殖的人都知道，破壞大自然的結構將會有悲慘的後果。美國畜牧業者拚命屠殺山狗（coyote），使得田鼠數量竄升，因為沒有山狗捕殺。亞利桑那州凱巴鹿（kaibab deer）也是一個例子。有一段時期凱巴鹿的數量是和環境保持平衡的，野狼、豹及山狗等會捕食牠們，使鹿群的數量維持一定，食物來源也不致缺乏；但後來人們開始實施一個「保護」計畫，捕殺凱巴鹿的天敵，等天敵都不見了，鹿群開始大量繁殖，很快地食物便不夠吃，牠們嚼的樹葉也就愈來愈高，餓死的鹿比以前被野獸獵殺的數量還多。此外，整個環境也因牠們拚命尋找食物而受到破壞。

田野和森林中的捕食性昆蟲，功能和捕食凱巴鹿的野狼和山狗是一樣的；殺了牠們，牠們獵捕的對象數目就會大幅竄升。

沒有人知道地球上有幾種昆蟲，因為還有很多尚未鑑定，但已知有七十幾萬種；也就是說以種類數量來看，地球上的生物有百分之七十到八十是昆蟲。大部分昆蟲的數量都是大自然控制的，不受人為干擾。若非如此，再多的化學物質或其他方法，恐怕都不會有同樣的效果。

問題是，「天敵」具有的平衡作用我們往往渾然不覺，除非等到失去了此生態平衡。大部分人對世界的美妙、神奇及其他生命多半視而不見，所以捕食性昆蟲及寄生蟲的作用很少人知道。或許我們已注意到花園樹叢上有著長相奇怪、猙獰的螳螂，也大概知道牠們吃其他昆蟲，但是只有在晚上帶著手電筒去花園，看到螳螂偷偷潛近獵物，才會了解獵者與獵物的關係，也才能感覺到自然力量的無情與強悍。

獵食昆蟲的動物種類很多，有的動作很快，像燕子一樣在半空中攫取獵物；有的在樹幹上慢慢行走，把像蚜蟲那樣靜止不動的昆蟲撿來吃掉；黃蜂捕捉身體柔軟的昆蟲，讓幼蜂吸吮其汁液；抹泥蜂在屋簷下建造泥巢，並在裡面放昆蟲以備幼蜂食用；馬蜂在牛群上空飛舞，捕食騷擾牛群的吸血蠅；嗚嗚作響的食蚜虻，往往被誤認為是蜜蜂，牠們把卵下在有蚜蟲的植物上，孵出的幼蟲就有無數的蚜蟲可吃；瓢蟲是蚜蟲、介殼蟲及其他植食性昆蟲的剋星，每隻瓢蟲可以吃下數百隻蚜蟲，以產生能量產卵。

最不尋常的是寄生性昆蟲，這種昆蟲不會馬上把寄主殺死，而是藉由各種方法利用寄主來餵養幼蟲，牠們在寄主的幼蟲或卵裡面產卵，使孵出的幼蟲慢慢把寄主吃掉。有的用黏液把卵黏在毛蟲身上，卵一孵化，幼蟲便鑽入寄主體內。有的具有先見之明，只要把卵產在葉子上，就會有前來覓食的毛蟲不小心把卵吃下去。

在田野、樹籬、花園、森林及每個地方，獵捕性及寄生性昆蟲都在工作。在池塘上空，蜻蜓飛來飛去，翅膀反射星點陽光，牠們的祖先曾在大型爬蟲類居住的沼澤上方穿梭飛翔，現在牠們也和遠古時代一樣，銳眼捕捉空中的蚊子，用籃狀的腿把蚊子網住；而在水中，蜻蜓的稚蟲也在捕食蚊子及其他昆蟲的幼蟲。

或者，在綠葉上幾乎看不見的花翅蛉，有羅紗般的綠翅及金黃色的眼睛，生性膽怯，二疊紀時代就有其祖先的蹤跡。成蟲主要是吃植物的蜜汁及蚜蟲的蜜露，時候一到牠們便把卵一一產在葉子上。幼蟲身上帶有剛毛，叫做蚜獅，牠們會捕捉蚜蟲、介殼蟲或扨，吸吮牠們的汁液。蚜獅最後會結成絲繭，度過蛹期，但在這之前，要吃掉幾百隻的蚜蟲。

另外還有許多蜂類和蠅類，牠們的幼蟲藉著吃食其他昆蟲的卵或幼蟲為生，卵蜂的幼蟲是寄生在其他昆蟲的卵中，牠們雖然很微小，但因數量繁多，可以降低破壞農作物的昆蟲數量。

這些小動物，隨時都在工作，受日晒雨淋，在黑夜中，甚至在冬日生命之火已然奄奄一息之際。然後，在只餘一縷微煙時，春天降臨，喚醒昆蟲世界，再度燃起生命的火燄。在這段等待的時間，白雪的覆蓋下、結凍的土壤中、樹皮的隙縫裡，以及隱密的洞穴內，捕食性與寄生性昆蟲都有渡過寒冬的方法。

螳螂把卵產在灌木的枝幹上，卵的外層有紙狀的薄膜保護，而卵的母親，就和夏日一起消逝。

雌性的小黃蜂，躲在閣樓的角落，身上帶有受精卵，其存活與否關係到牠族群的未來，因為牠是唯一的生存者。在春天，牠先用紙造一個巢，然後下幾個卵，小心地把幾隻工蜂養大，然後藉著工蜂的幫助，牠會把巢擴大，發展出一個群落，這些工蜂將在炎炎夏日中無休止地辛勤工作，消滅無數的毛蟲。

所以，基於牠們的生活方式，以及我們的需要，這些昆蟲都是我們的盟友，使自然平衡對我們有利。然而，我們卻把炮火對準盟友；更可怕的是，我們低估了牠們的價值，沒有牠們，危害我們的生物就可以把我們打垮。

隨著每一年殺蟲劑數量、種類及毒性的增多加強，環境阻抗性也愈來愈弱。將來，傳染疾病或破壞農作物的昆蟲數量爆增的現象將會更多，情況將會更嚴重。

你可能會問：「是啊——但這不都是理論嗎？應該不會真的發生——至少不會在我有生之年發生。」

但是，現在就已經在發生了。在一九五八年以前，科學刊物就已經記錄有五十多種昆蟲嚴重破壞自然平衡的現象，且每年都有新的例子發生。有關這方面的文章，一共有兩百一十五篇，內容盡是殺蟲劑破壞昆蟲數量的平衡，而危害到人類的利益。

有時，化學噴灑使得要殺滅的昆蟲數量反而增加。例如：在加州的安大略，噴藥後蚊蚋的數量竟增加了十七倍；而在英國噴灑了一種有機磷化學物質之後，白菜蚜蟲數量也爆增，規模是前所未見的。

有時，噴藥對預定要撲滅的昆蟲相當有效，但卻好像打開潘朵拉的盒子一樣，過去無害的昆蟲紛紛出籠。例如：蚼，在DDT和其他殺蟲劑把牠們的敵人殺光後，牠們已變成全世界的害蟲，其實蚼不是昆蟲，而是有八隻腳的動物，和蜘蛛、蠍子及扁蚤屬於同一類。牠們的嘴適合穿刺與吮吸汁液，最喜歡的食物是葉綠素；因此會用細小而銳利的嘴穿破樹葉或松針之外層細胞，吸食葉綠素。長有蚼的樹木會有雜色斑點，若蚼數量太多，樹葉就會變黃而凋落。

這也是幾年前發生在美國西部國家森林的例子。一九五六年美國林務局用DDT噴灑近八十八萬五千英畝的林地，目的是防治雲杉捲葉蛾。但次年夏天，問題變得比捲葉蛾肆虐更為嚴重。由空中觀察樹林可以看到一大片飽受摧殘的地區，原來壯觀的花旗松已然變黃，針葉也已脫落。在海倫那國家森林（Helena National Forest）及大帶山（Big Belt Mountains）西邊的山坡，以及其他從蒙特拿州到愛達荷州的森林，看起來就像被火燒了一樣。顯然一九五七年的夏天，蚼肆虐的程度是前所未有的，幾乎所有有噴藥的地區都受到影響，沒有別的地方比這裡更嚴重。森林管理人員記得過去也有過蚼為患的例子，但是沒這麼嚴重。在一九二九年黃石公園麥迪森河沿岸、一九四九年科羅拉多河，接著在一九五六年的新墨西哥州，都曾發生過類似的情況，每一次都是在噴過殺蟲劑後發生的。（一九二九年那一次還沒有DDT，所以用的是砷酸鉛。）

為什麼殺蟲劑會使得蚼興盛起來呢？除了不大受殺蟲劑影響之外，還有兩個原因。在大自然中許多捕食蚼的昆蟲，如瓢蟲、癭蠅、捕食性蚼類及椿象等，對殺蟲劑都特別敏感；另一個原因和蚼族群本身的繁殖壓力有關，不受干擾的蚼族群是個密集的團體，都擠在大家分泌的保護網下面逃避敵人的攻擊，噴藥之後，蚼雖然不會死，但他會感到不適而紛紛四散尋求安全之處，如此，牠們得以找到比以前躲在族群裡更大的空間和更豐盛的食物，而且既然敵人都死了，就沒有必要再浪費能量分泌保護網。於是，牠們把所有的能量都用在生產更多的蚼，牠們的產卵數量常常可以增加到三倍，都虧殺蟲劑之賜。

維吉尼亞州的山南度小谷（Shenandoah Valley），是盛產蘋果的地方，當人們一開始用DDT取代砷酸鉛，紅帶捲葉蟲的數量就大幅增加，這種昆蟲以前從未造成什麼損害，可是很快地，受害的蘋果樹高達百分之五十，而且變成對蘋果樹最具傷害力的害蟲；此外，隨著DDT使用率的增高，類似情況也發生在美國東部及中西部。

這種情形多得令人好笑。在一九四〇年代末期，加拿大的諾法斯科西亞省（Nova Scotia）定期噴灑藥物的蘋果園都遭到最嚴重的蛀心蛾為害，而未噴藥的蘋果園，蛀心蛾的數量卻未多到危害的程度。

蘇丹的東部地區，種植棉花的農民也有使用DDT所帶來的苦痛經驗。在加斯河三角洲（Gash Delta），有六萬英畝的棉花田都由同一個灌溉系統供水，最先試用DDT時效果非常好，所以人們就常常噴藥，之後麻煩就開始了。對棉花危害最大的是棉子蟲*；但噴的藥愈多，棉子蟲就愈多。未噴藥的棉花田，受害反而沒那麼嚴重；而噴過兩次藥的棉田，棉子收成量銳減。雖然有些吃棉葉的昆蟲就此不見，但噴藥的利益還是無法彌補棉子蟲造成的損害。最後棉農不得不面對事實，如果他們省下噴藥的費用和精力，他們的收成應該會更好。

在比屬剛果及烏干達，為了防治咖啡樹的害蟲，大量噴灑DDT，結果是「災情慘重」。害蟲本身幾乎完全不受到DDT的影響，但捕食害蟲的昆蟲卻極為敏感。

在美國，農民一再地用一種害蟲去換危害更大的另一種害蟲，因為農藥噴灑把昆蟲界的互動能力破壞殆盡。最近實施的兩種大規模噴灑計畫，正造成了這種後果，第一種是南方消滅火蟻的計畫，另一種是中西部消滅日本甲蟲的計畫（請參閱第七章和

*編按：玉米穗夜蛾的幼蟲。

第十章）。

一九五七年在路易斯安那州，農民大量使用飛布達，結果解放出甘蔗最危險的敵害——甘蔗螟蟲。飛布達施用後不久，螟蟲的危害迅速增加，為消滅火蟻而用飛布達，卻反而把螟蟲的天敵殺死。由於農民損失慘重，所以控告州政府未事先警告他們。

伊利諾州的農民，也得到同樣慘痛的教訓，為了防治日本甲蟲，該州東部噴灑了大量的地特靈。之後，農民發現玉米螟蟲在噴藥區數量大增。確實，這一區玉米田裡的螟蟲幼蟲比其他地區的玉米田多一倍，農民可能還不知道原因，但不用科學家提醒他們也該知道噴藥實在失算。為了要去除一種昆蟲，結果得承受危害更大的另一種昆蟲的懲罰。據美國農業局的估計，每年美國因日本甲蟲的損害有一千萬美元，而因玉米螟蟲的損失有八千五百萬美元。

值得注意的是，過去都是大自然的力量在控制螟蟲的數量，這種昆蟲是在一九一七年由歐洲意外引進美國，兩年之內美國政府就找到一種可作為生物防治法的寄生蟲，將之引進美國。之後，又從東方與歐洲花巨資引進二十四種寄生蟲，其中有五種已被認定具有防治的功效。但不用說也知道，所有努力可能都白費了，因為玉米螟蟲的天敵已被噴藥一掃而空。

如果這件事看來荒謬，我們再來看看加州柑桔樹的狀況。在一八八〇年代，世上最著名也最成功的生物防治實驗，就是在加州進行的。一八七二年，在加州發現了吸食柑桔樹汁的介殼蟲；在接下來的十五年間，介殼蟲肆虐為患，許多果園完全沒有收成，柑桔產業面臨危機，很多農民乾脆放棄，把果樹拔除。後來從澳洲引進了一種介殼蟲的寄生蟲，這是一種叫做維達利亞（Vedalia）的小瓢蟲。兩年之內，全加州種柑桔的地區不再有介殼蟲為害，自此之後，在果園可以好幾天找不到一隻介殼蟲。

然後在一九四〇年代，果農開始試用新奇的化學物質以消滅其他昆蟲。隨著DDT及毒性更強的其他化學物質相繼出現，加州許多地區的維達利亞被殺得一乾二淨，進口維達利亞只花了政府五千美元，但是每年為果農省下幾百萬美元。而這些都在片刻的輕率之舉中化為烏有。介殼蟲很快就再度猖獗起來，造成的危害比過去五十年都多。

柑桔試驗所的保羅．戴巴哈博士（Paul Debach）說：「這可能是一個時代的結束。」現在要防治介殼蟲已經變得複雜無比。維達利亞的數量只能藉多次的釋放來維持，而且要小心錯開噴藥的日期，以減少牠們接觸殺蟲劑的機會。然而不管柑桔果農怎麼做，還是會受到鄰近耕地所有人的影響，因為飄浮過來的殺蟲劑就會造成嚴重的後果。

上述所有的例子，都和危害農作物的昆蟲有關。至於那些帶有病菌的呢？已有預警出現了。例如：南太平洋的尼新島（Nissan Island）在二次世界大戰期間曾大量噴灑過殺蟲劑，但戰後就不再噴灑。沒多久，帶著瘧疾病菌的蚊子又在島上為患，但捕食蚊子的昆蟲已被殺光，使蚊子數量暴漲。馬歇爾．賴得（Marshall Laird）在描述這件事時，把化學防治法比做腳踏車，我們的腳一踩上去就欲罷不能了，因為害怕會有不良後果。

在某些國家，疾病和噴藥有很不一樣的關係。不知道是什麼原因，軟體動物幾乎不會受到殺蟲劑的影響，同樣的現象已發生過好幾次。在佛羅里達州鹹水沼澤區噴藥後，只有淡水螺存活下來。當時的景象非常可怕，頗有超現實的氣氛，螺在死魚和死蟹間徘徊，大嚼死去的犧牲品。

這有什麼重要呢？因為許多淡水螺是寄生蟲的寄主，這些寄生蟲在生命週期中，有部分時間住在軟體動物裡，部分在人體中，例如：血吸蟲。人若泡在有血吸蟲的水中，血吸蟲就會穿過皮膚進入人體，或者由飲水進入人體，造成嚴重的疾病。螺會把血吸蟲排入水中，在亞洲及部分非洲地區特別普遍。如果實施化學防治，使螺數量增加，可能會引起嚴重的後果。

當然，不只人類會罹患螺引起的疾病；牛、羊、鹿、兔子及其他各種溫血動物的肝病可能是由肝吸蟲造成的，肝吸蟲也有部分生命期住在淡水螺內。有肝吸蟲的肝臟不適人類食用，常遭廢棄，每年使牛主損失三百五十萬美元，任何能使螺增加的物質，顯然都會讓這問題更加嚴重。

過去十年來，這些問題已投下長長的陰影，我們卻遲遲不能醒悟。最適於研發與運用自然防治的人，往往在葡萄園忙著從事化學防治。在一九六〇年，美國所有經濟昆蟲學家只有百分之二在研究生物防治法，其他的百分之九十八，都在研究化學性殺蟲劑。

為什麼會這樣？各大化學公司均正挹注金錢給大學研究殺蟲劑，這些錢吸引研究生和研究人員。而生物控制法方面，全無捐助可言，理由很簡單，這種方法不會讓化學公司賺錢，所以這方面的研究只能留給聯邦及州政府機構，而那裡的工作人員薪水相較下卻少多了。

這種情形正可以解釋為什麼某些卓越的昆蟲學家會大力提倡化學防治。一問這些人的背景，便會發現他們的整個研究計畫都是化學公司資助的，他們職業上的名望，甚至工作，可能都要仰賴化學方法的興旺長存。我們能期望他們恩將仇報嗎？既然他們的立場並不中立，他們宣稱殺蟲劑無害的說詞我們能夠相信嗎？

在一片以化學物質為主要防治方法的聲浪中，還是有少數幾個昆蟲學家偶爾提出報告宣揚生物防治法，這些人清楚知道自己既非化學家，也非工程師，而是生物學家。

美國的雅各（F. H. Jacob）表示：「許多所謂的經濟昆蟲學家的作為，似乎表明他們認為問題的解答就在噴嘴管口……若蟲害再度發生，害蟲產生抗藥性，或者哺乳動物中毒等問題出現，化學師會準備另一種藥方。我認為這種看法是錯誤的……終究只有生物學家才能解決蟲害的問題。」

諾法斯克細亞的畢凱特（A. D. Pickett）寫道：「經濟昆蟲學家應該了解，他們對付的對象是活的東西……他們的工作，應不只限於測試殺蟲劑或尋求毒性更高的化學物質。」畢凱特博士是生物昆蟲防治的先鋒，講求充分利用捕食性或寄生性昆蟲。他和他的同事研究出的方法，在今天是首屈一指的，在美國，惟有加州幾位昆蟲學家的防治計畫才及於上他們的水準。

畢凱特博士在二十五年前，在諾法斯克細亞安那波利山谷（Annapolis Valley）的蘋果園開始進行研究，該區曾是加拿大水果種植密度最高的地方。當時人們以為殺蟲劑（當時仍是無機化學物質）可以解決蟲害的問題，只須教果農如何施用就行了，但美麗的諾言並未實現，不知怎麼的，昆蟲還是在那裡。新的化學物質用了，更好的噴藥器具也發明了，而人們對噴藥也更加狂熱，但是蟲害問題並沒有轉好。然後ＤＤＴ問世，保證讓捲葉蛾猖獗的惡夢不再發生。結果用了ＤＤＴ以後，發生了史無前例的巨大災難，畢凱特博士說：「我們從這個危機移轉到那個危機，只是拿一個問題去換另一個問題。」

這時，畢凱特博士和他的同事另尋途徑開發新方法，而其他昆蟲學家仍在繼續追尋毒性更強的化學藥物。畢凱特博士等人領悟到大自然和他們是站在同一陣線的，因此設計了一個計畫，多用自然防治而少用殺蟲劑。用殺蟲劑時只用最小劑量，毒性強到能毒死害蟲，但不致毒死益蟲。噴灑的時間也很重要，如果在蘋果花變成粉紅色之後而非之前噴灑硫酸煙鹼，就不致毒死一種重要的捕食性昆蟲，因為那時牠們可能還在卵期。

畢凱特博士在選擇化學藥品上特別小心，盡量使捕食性及寄生性昆蟲不致受到影響。他說：「當人們用DDT、巴拉松、克羅丹及其他新式殺蟲劑，就好像過去用無機化學物質那麼平常時，對生物防治有興趣的昆蟲學家只有投降了。」他用的不是這些毒性強、影響範圍廣的殺蟲劑，而主要是雷安尼亞（Ryania，從一種熱帶植物的地下莖提煉出來），硫酸煙鹼，以及砷酸鉛。在特殊情況下，他也用濃度極低的DDT或馬拉松（每一百加侖一或二盎斯，而非一般常用的每一百加侖一或二磅）。雖然這兩種是現代殺蟲劑中毒性最弱的，畢凱特博士還是希望日後能改用更安全、對昆蟲毒害更具選擇性的物質。

他的計畫效果如何？採用他的改良式噴灑計畫的果農，水果收成和品質與大量噴灑化學藥物的果農一樣好，成本也低了很多，諾法斯科細亞的果農花在殺蟲劑上的錢，只有其他地方的百分之十到二十。

更重要的是，改良式的方法不會嚴重破壞大自然的平衡。加拿大的昆蟲學家尤利葉（G. C. Ullyett）在十年前提出他的看法：「我們應該改變我們的態度，放棄人類至上的觀念；並且承認在限制生物數量方面，我們從自然環境中找到的方法往往比我們自己的構想更富經濟效益。」今天，他的想法已得到驗證。

第 16 章

大災難的徵兆

在一九四五年前，
只有約十二種昆蟲有抗藥性，
這時尚未有DDT。
但是自從新式的有機化學物質問世，
以及新的噴灑方式開發以來，
有抗藥性的昆蟲種類急遽上升，
於一九六〇年達到一百三十七種。

如果達爾文今天還活著，昆蟲世界將會使他又驚又喜，因為昆蟲證實了適者生存的理論，在強力的化學噴灑之下，比較弱的昆蟲就被淘汰了。現在，在許多地區以及多種昆蟲之中，只有最強壯、最能適應的留下來對抗我們想要撲滅牠們所做的努力。

五十年前，華盛頓州立學院昆蟲學系的美蘭德（A. L.Melander）教授問了一個純粹是理論上的問題：「昆蟲能產生抗藥性嗎？」如果他不知道答案，或很晚才知道，那是因為他太早問這個問題了，在還沒有DDT以前，無機化學物質的用量以今天的標準來看實在很少，而噴藥後能存活的昆蟲，不過寥寥數隻。美蘭德教授在對付聖荷西介殼蟲（San José scale）時曾遇到困難，幾年來噴灑石硫合劑的效果一直都很令人滿意，但是後來在華盛頓州的克拉頓地區，介殼蟲數量竟然回升，且比其他地方的介殼蟲更難撲滅。

突然間，美國其他地區的介殼蟲好像也變得一樣不易消除，就算果農再怎麼勤於噴藥，劑量用得再多也無濟於事。中西部上千畝的上好果園，就被具抗藥性的昆蟲給破壞殆盡。

接著，在加州人們把帆布蓋在樹上用氫氰酸薰的方法，也開始不再奏效，使得加州柑桔試驗所在一九一五年開始研究這個問題，得到抗藥性的另一種昆蟲是捲葉蛾，那是在一九二〇年代，在這之前，人們已用了砷酸鉛四十年，效果一直都很好。

然後，DDT及其相關物質引來了抗藥性時代。對昆蟲再沒有知識的人，或最不了解動物繁殖動力的人，也可以看出在短短幾年之間，出現了嚴重的問題，但人們卻遲遲無法領悟到昆蟲具有對抗化學物質的能力，只有擔心昆蟲會傳染病菌的人，才想到情況的危險。而農業從業人員卻還滿懷希望地期待更新、毒性更強的化學物質問世，儘管現在的問題，就是這種觀念所造成的。

雖然人們遲遲不能了解昆蟲抗藥性的現象，抗藥性本身的發展卻很快。在一九四五年前，只有約十二種昆蟲有抗藥性，這時尚未有DDT。但是自從新式的有機化學物質問世，以及新的噴灑方式開發以來，有抗藥性的昆蟲種類急遽上升，於一九六〇年達到一百三十七種，這數字想必會繼續增大。目前有關這方面已發表的專業性文章，就超過一千篇。世界衛生組織已向全世界三百多個科學家求救並宣布：「抗藥性是目前控制病媒計畫中最重要的問題。」英國著名的動物群體學專家，查爾斯．愛爾頓博士說：「我們現在看到的，只是大災難前的預兆。」

有時，抗藥性的發展快得連宣布防治成功的文章筆墨未乾，就得再著文追述。例如：在南非，牧牛業者久為壁蝨（bluetick）所困擾，有的農場一年就損失六百頭牛。

壁蝨近年來對砷液已有抗藥性，後來試用六氯化苯，在短時間內情況似乎有所改善。一九四九年初期，有報告宣稱有抗砷性的壁蝨可以輕易用新的化學物質對付；同一年，又不得不發表說壁蝨已產生了抗藥性。一九五〇年，皮革商務雜誌一位作者便就此情形寫道：「這種新聞只靜靜地在科學圈裡流傳，或出現在海外新聞的小角落，但是若人們真了解事情的重要性，就會應用巨大標題，像對待原子彈發明一樣地報導。」

雖然昆蟲抗藥性主要是和農業及造林有關，可是也是事關大眾健康的問題。昆蟲和人類的疾病自古以來就是密不可分的，蚊可以把單細胞的瘧菌注入人的血液中，此外還有其他蚊子傳播黃熱病及腦炎。家蠅雖不會咬人，卻會讓人的食物汙染到痢疾桿菌，同時在世界許多地區也是眼疾的主要傳播媒介；其他昆蟲傳播的疾病還有體蝨傳播的傷寒、鼠蚤的鼠疫、采采蠅的非洲睡眠症、壁蝨的各種熱病等。

這些都是亟須解決的難題，沒有人能漠視昆蟲所傳播的疾病，問題是，現有的方法正在使情況快速惡化，再用同樣的方法去解決這個問題是明智之舉嗎？我們聽了很多控制昆蟲傳播媒介而戰勝傳染病的故事，卻很少聽到故事的另一面——失敗，或勝利的短暫；而後者又再次地證明，我們的努力只會使昆蟲更強壯，更糟的是，我們可能已經破壞了作戰的武器了。

世界衛生組織聘請加拿大著名的昆蟲學家，布朗博士（A. W. A. Brown），全面調查抗藥性的問題。一九五八年，布朗博士在發表的著作上寫道：「距公共衛生計畫開始運用強力人造殺蟲劑不到十年，現今技術上最大的問題是，以前可以控制的昆蟲已經產生了抗藥性。」世界衛生組織除了出版布朗博士的著作外，還警告說：「如果再繼續用猛烈的手段對付昆蟲傳播的疾病，如瘧疾、傷寒及鼠疫等，將會有嚴重的後患，除非能盡速解決抗藥性的問題。」

會有什麼後患呢？具有抗藥性的昆蟲，幾乎包括所有醫學上有重大影響的種類，顯然蚋、白蛉及采采蠅還未產生抗藥性，但是目前全球的家蠅與壁蝨都已有抗藥性，瘧蚊撲滅計畫受阻是因為瘧蚊已具抗藥性，鼠疫的主要媒介——東方鼠蚤，已證實有抗DDT的能力；每一洲的國家及大部分的島嶼，都有許許多多其他種類的昆蟲產生抗藥性的報導。

第一次把現代殺蟲劑當作醫學用途，大概是在一九四三年聯軍在義大利向人噴灑DDT以預防傷寒。兩年之後，又用大量DDT撲滅瘧蚊，直至一年後才有麻煩的徵兆出現，家蠅和瘧蚊開始有抗藥性。一九四八年，人們試著在DDT添加新的化學物質——克羅丹。這次效果持續了兩年之久，但是到了一九五〇年八月，抗克羅丹的家蠅出現了，而在同年年底，所有的家蠅和瘧蚊似乎都不再受到克羅丹的影響。抗藥性的產生，就和新的化學物質投入應用一樣快速。到了一九五一年底，DDT、氯化甲醇、克羅丹、飛布達及六氯化苯都不再有效了，而家蠅，已變得「多得不得了」。

在一九四〇年代末期，義大利的薩丁尼亞（Sardinia）也發生同樣的事；在丹麥，含DDT的殺蟲劑是在一九四四年開始使用的，一九四七年對許多地區的蒼蠅已經不再奏效。在埃及一些地區，家蠅在一九四八年前就已有抗DDT的能力，改用六氯化苯後，效果也持續不到一年，有個埃及村莊的例子特別能突顯這個問題：一九五〇年時殺蟲劑對滅蠅還很有效，同年的嬰兒死亡率降了將近百分之五十；然而隔了一年，家蠅已具有抗DDT和克羅丹的能力，其數量回復到和以前一樣多，嬰兒死亡率也一樣回升。

在美國的田納西河流域，能抗DDT的蒼蠅在一九四八年就已很普遍，接著在其他地區的情況亦然。改用地特靈的效果也很糟，因為有些地區的蒼蠅，在不到兩個月的時間就產生了抗藥性，在用過所有能用的氯化碳氫化合物後，當局遂改用有機磷化合物，但是同樣的事情又發生了，目前專家們的結論是：「殺蟲劑對家蠅已經毫無效用，只能回頭來用環境衛生的手段了。」

最早運用DDT而效果最為人所大力渲染的，就是在義大利拿波里的體蝨消滅計畫。數年之後，於一九四五到四六年間的冬天，困擾日本與韓國兩百多萬人的體蝨，也再度讓DDT成功地消滅乾淨。但是在一九四八年，西班牙企圖撲滅傷寒病菌的計畫並未成功；雖然如此，實驗室測試的結果卻相當好，使昆蟲學家相信體蝨不會發展出抗藥性。一九五〇到五一年冬天，韓國發生了令人驚異之事：在韓國士兵身上噴DDT，體蝨的數量反而增多，從他們身上收集體蝨測試時，發現百分之五的DDT藥粉絲毫不影響其死亡率。同樣的結果，也發生在取自日本東京板橋區收容所的流浪漢，以及敘利亞、約旦和埃及東部難民營的蝨子身上；因此可證實DDT對防治體蝨及消滅傷寒是無效的。到了一九五七年，發現抗DDT蝨子的國家擴展到伊朗、土耳其、衣索匹亞、西非、南非、祕魯、智利、德國、南斯拉夫、阿富汗、烏干達、墨西哥，以及坦干伊喀。此時，早期在義大利的成功也就失去了意義。

最早對DDT產生抗藥性的瘧蚊，首先在希臘出現。一九四六年大規模噴灑之後，效果很好，不過到了一九四九年，有人注意到很多成蚊聚集在陸橋下，而噴過DDT的房屋和畜棚並無牠們的蹤跡，很快地，瘧蚊在屋外聚集的地點擴展到洞穴、倉庫、水溝，以及橘子樹葉和樹幹上，顯然瘧蚊對DDT已產生了抗藥性，只消逃至屋外休息就能康復，幾個月之後，牠們已能留在屋裡，在噴過DDT的牆壁上休息。

目前的情勢已極為嚴重，上述的例子不過是前兆罷了。產生抗藥性的蚊子，正以驚人的速率不斷增加。在一九五六年，只有五種蚊子具抗藥性，到了一九六〇年，已增加到二十八種，包括西非、中東地區、中美洲、印尼，以及東歐等地區的瘧蚊。

至於其他種蚊子，情況亦同；其中有些是傳播他種疾病的媒介，在世界上很多地區，有一種熱帶蚊能傳播導致象皮病*的寄生蟲，這種熱帶蚊已經產生高度的抗藥性。在美國，傳播某種腦炎的蚊子也具抗藥性。更嚴重的是，這問題也發生在散播黃熱病的蚊子上；幾世紀以來，黃熱病一直是世上最可怕的傳染病，而且具抗藥性的蚊媒，已在東南亞出現，在加勒比海地區也已相當普遍。

抗藥性對瘧疾及其他疾病的後果，世界各地已有記錄出現。一九五四年千里達突然爆發黃熱病大流行，因為沒有藥物可以遏止蚊子滋生。在印尼和伊朗也爆發過瘧疾大流行。而希臘、尼日和賴比瑞亞，則繼續有蚊子散播瘧疾。在美國喬治亞州，本來蒼蠅防治已減少了痢疾罹患率，但是一年左右罹患率就又回升；在埃及，也因蒼蠅防治使急性結膜炎病例減少很多，但好景卻維持不到一九五〇年。

---

*編按：象皮病又稱血絲蟲病，某些血絲蟲會在人體淋巴系統中繁殖，造成感染者四肢與性器官異常肥厚腫大。傳播這些絲蟲的媒蚊是熱帶家蚊。

此外，佛羅里達州鹹水沼澤裡的蚊子也有抗藥性的跡象。這些蚊子並不攜帶病菌，所以對人類健康無重大影響，但是卻干擾了人的經濟活動，因為這些成群嗜血的蚊子使佛羅里達州沿岸廣大區域不適居住，雖有滅蚊計畫，可是效果往往不彰，而且就算有成效也是短暫的。

一般的家蚊也在各處產生抗藥性；就憑這一點，社區人員就應該停止定時大量噴灑殺蟲劑的措施。在義大利、以色列、日本、法國，以及美國各州，如加州、俄亥俄州、紐澤西州及麻州等地，這種蚊子已能抵抗多種殺蟲劑，特別是眾所通用的DDT。

另一個問題是壁蝨。散播斑疹熱的木壁蝨，最近已產生抗藥性，而犬褐壁蝨的抗藥性早就經過證實。這對人和狗都是大問題；犬褐壁蝨是亞熱帶的品種，因此在北方地區如紐澤西州出現時，冬天必須住在有暖氣的建築物裡，而不是戶外。美國自然博物館的約翰・巴利斯特（John C. Pallister）於一九五九年夏季在報告中提到，他接到許多從中央公園附近公寓打來的電話，他說：「有時整棟公寓都有小壁蝨，很難去除。狗會從中央公園把壁蝨帶回來，然後壁蝨下蛋，蛋在公寓裡孵化出來。DDT、克羅丹或大部分現代殺蟲劑都沒有什麼效用。紐約市在過去是很少有壁蝨的，現在卻到處都是，從紐約、長島、西契斯特一直到康乃狄克州都有，特別是過去五、六年間。」

在北美洲許多地區，德國蟑螂也已對克羅丹產生抗藥性。過去撲滅害蟲的業者最常用的便是克羅丹，現在改用有機磷化合物。不過，抗藥性使業者面臨下一步無殺蟲劑可用的問題。

負責撲滅昆蟲傳染性疾病的機構，在抗藥性產生的時候只是從一種殺蟲劑換到另一種而已，然而，就算化學研究員能不斷供應新的殺蟲劑，也不能永無止境如此下去，布朗博士指出：「我們正走在一條『單行道』上，沒有人知道路有多長，如果在撲滅傳播疾病的昆蟲之前就走到死巷，那我們麻煩就大了。」

至於破壞農作物的昆蟲，情況也是一樣。早期使用無機化學物質的時代，大約有十二種和農業有關的昆蟲具有抗藥性，現在這數字已增加許多，有ＤＤＴ、六氯化苯、靈丹、托殺芬、地特靈、阿特靈，甚至人們抱有很大希望的有機磷化合物，在一九六〇年，破壞農作物的昆蟲中已有六十五種具有抗藥性。

美國農業上第一個對ＤＤＴ有抗藥性的昆蟲，出現在一九五一年，距ＤＤＴ開始使用才不過六年時間。或許問題最大的是捲葉蛾，在全世界幾乎所有種植蘋果的地區，捲葉蛾都已有抗藥性。而具抗藥性的白菜蟲又是另一個嚴重的問題；美國許多地區的馬鈴薯蟲也具抗藥性，除了六種不同種類的棉花蟲外，還包括薊馬、果蠅、浮塵子、刺蛾、扚、蚜蟲及鐵線蟲等。

對於抗藥性的問題，化學公司想必很頭痛而不願去面對。甚至到一九五九年，有一百多種昆蟲確已顯出抗藥性，但是在農業化學界，尚有一份重要刊物還在討論抗藥性是「真實的還是想像的」。希望化工界有一天能面對現實，這種問題不會自行解決，對經濟也有不良影響。化學物質防治昆蟲的費用一直持續上漲，囤積殺蟲劑不再是個辦法，因為今天最有效的殺蟲劑可能明天就失去效用了，用大量財力宣傳殺蟲劑可能收不回成本，因為昆蟲再度證明對付大自然是不能用蠻力的。而且，無論科技的發展有多快，即使有新的殺蟲劑發明出來，我們終會發現，昆蟲還是快了一步。

恐怕連達爾文自己也找不到比昆蟲的抗藥性更好的例子來說明物競天擇的道理。昆蟲中每一隻的結構、行為與生理都不相同，唯有最強壯的才能抵抗化學物質，而弱者就被淘汰了。存活的昆蟲，都有某種特質讓牠們逃過化學物質的毒害，這些就成為新一代昆蟲的父母，單藉著遺傳，新的一代便具有這種「強壯」的特質。所以不可避免的，噴灑的化學物質威力愈強，後果就愈糟糕。經過幾代之後，族群的成員不再有強有弱，而是清一色都是強壯的。

昆蟲發展抗藥性的方法也許有很多種，但是還沒有人充分了解其中的過程。有些昆蟲似乎因為具有優越的構造而逃過化學物質的防治，但是並無證據支持這種想法。不過，某些種類具有免疫力倒是真的，這結論是從白吉爾博士的研究而來，他曾在丹麥斯賓福比（Spring forbi）的蟲害防治所觀察蒼蠅，他寫道：「牠們在ＤＤＴ裡自由自在地玩樂，就好像原始的巫師在燒紅的煤炭上面跳躍一樣。」

其他國家也有類似的發現，在馬來西亞的吉隆坡，蚊子起先一碰到ＤＤＴ就趕快離開室內，等產生抗藥性後，牠們就留在噴有ＤＤＴ的牆上休息。在臺灣南部有個軍營，從中收集的壁蝨身上竟然沾有ＤＤＴ的粉末，若把這些壁蝨放在噴過ＤＤＴ的布上，牠們仍能活一個月，而且照常產卵，幼蝨也順利孵化、長大。

不過，抗藥性並不一定是由身體構造改變而來。能抗ＤＤＴ的蒼蠅具有一種酵素，可將ＤＤＴ轉化為毒性較低的ＤＤＥ，只有具抗藥性基因的才擁有這種酵素，當然，這是有遺傳性的。至於蒼蠅和其他昆蟲是如何解毒有機磷化合物，則還不是很清楚。

昆蟲的某種行為，可能也有助於牠們的抗藥性。有人注意到，有抗藥性的蒼蠅多停留在未噴過藥劑的平面上，而家蠅則停在同一個地方動也不動，以致大大減少和殺蟲劑接觸的機會。有些瘧蚊，一遇噴灑就趕快飛到戶外，減少和DDT接觸的時間。

發展抗藥性通常需要兩到三年的時間，但是有時只需一季的時間或甚至更短，而長的則可能要到六年，每年昆蟲能產生多少代，對於抗藥性的發展極為重要，而這一方面又因種類和氣候而異。例如：加拿大的蒼蠅發展抗藥性比美國南方的蒼蠅慢，因為南方漫長而炙熱的夏天增快繁殖的速率。

有時，人們會滿懷希望地問道：「如果昆蟲能產生抗藥性，人類是否也能？」理論上是可以，不過將花上數百或數千年，所以對現況於事無補。抗藥性不是在個人身上發生的；如果他天生就有某種特質，比別人不易中毒，則他很有可能會存活下來生兒育女。因此，抗藥性是在一群人中經過數代之後發展出來的，人的繁殖率大約是每一百年有三代，而昆蟲的新一代卻可以在幾天或幾個星期中產生。

荷蘭植物保護局局長白吉爾博士認為：「有時寧可犧牲一點，也不要什麼都不願犧牲，以致斷送最後致勝的武器，最實際的方法應是『噴愈少愈好』，而不是『噴愈多愈好』……盡量不要對害蟲施加壓力。」

不幸的是，美國農業局並不採納這種建議。該局一九五二年的年鑑談的全是昆蟲，他們知道昆蟲產生抗藥性，卻說道：「要防治昆蟲，勢必要增加噴藥次數或劑量才行。」他們倒沒提到，等到所有殺蟲劑都用光了，只剩下能把地球上除昆蟲外的所有其他生命都消滅的物質可用時，怎麼辦？

白吉爾博士說道：「顯然我們正走上一條危險的路。……我們必須努力研究其他防治昆蟲的方法，不是化學性的，而是生物性的方法。我們的目標，應該是小心地將大自然引向我們想要的方向，而不是使用蠻力……。」

我們需要有長遠的眼光與理想，而這卻是許多研究人員所缺乏的。生命是個奇蹟，非我們能力所能理解，所以我們應該尊重生命，即使是我們必須奮力對付的。以殺蟲劑為手段，就證明了我們既無知也無力導引大自然行進的方向，謙卑為上，沒有理由在這種時候自以為是。

第 17 章 另一條路

採用化學物質就和原始人使用木棍一樣不成熟，
而人們就這樣把化學物質扔進生命網中；
這生命網一方面是脆弱易碎的，
另一方面卻也是強韌異常，
會以無法預期的方式反擊。

我們正站在兩條路的分岔點上，而這兩條路並不相等，我們一直在走的路看起來很容易，那是一條平滑的高速公路，可以走得很快，終點卻是個大災難；另一條路比較沒有人走，卻是到達終點的最後一個機會，可確保地球的安全。

畢竟我們有權利選擇，如果我們在忍受許多痛苦之後，終於決定我們「有權知道」，並且在知道真相以後，認為我們的冒險既可怕又無意義，那麼我們就不應該再繼續聽從那些叫我們用毒藥汙染世界的專家，而應該找找看還有什麼路可走。

要防治昆蟲，有許多方法可以取代化學物質；有些已在使用中，而且效果奇佳，有些則在試驗當中，另外還有一些在科學家的想像裡，正在等待機會付諸實行。這些方法有個共同點：都是生物性方法，根據的是科學家對昆蟲的了解，以及這些昆蟲所屬的生命網。生物學上的各類專家——昆蟲學家、病理學家、遺傳學家、生理學家、生化學家，以及生態學家，都在傾注全力，用知識和創造力來發展生物性防治的新科學。

約翰霍金斯大學的史萬生教授（Carl P. Swanson）表示：每一種科學都像一條河，有低微和顯赫的起源，有急流和淺灘，有乾旱也有泛濫的時候。它集合許多研究人員的動力，並接收其他思想；藉著觀念和法則，變深變廣而漸漸演化出來。

生物性防治法的科學，也是如此形成。它在美國一百多年前的起源鮮有人知。當時有人引進昆蟲的天敵，卻反而給農民添麻煩；其後進展緩慢，甚至裹足不前，有時卻又獲得成功而挾此氣勢往前推展。某一段乾旱的時期，應用昆蟲學受了新奇的殺蟲劑所惑，離棄生物性方法，一腳踩下「化學性防治法的踏板」，但是距沒有昆蟲的目標還是愈離愈遠，最後情況清楚顯示，濫用化學物質對我們的傷害比對昆蟲還大，於是生物性防治的河再度流動起來，有新的理念注入清流。

最令人嚮往的方法，是利用昆蟲本身的力量對付昆蟲。其中有一種方法是使雄性昆蟲失去繁殖能力，這是美國農業局昆蟲研究部主任尼普林博士（Edward Knipling）及其同事研發出來的。

大約二十五年前，尼普林博士提出一種特殊的昆蟲防治法，使人們大吃了一驚。他的理論是，如果能使數量繁多的昆蟲失去生殖能力，那麼把牠們釋放出去，牠們就會和野生的族群競爭，成功的話，雌蟲只能產下未受精的卵，而牠們的數量就會慢慢減少。

官方對此構想無動於衷，而科學家也抱著懷疑的態度，不過尼普林博士並未就此打消念頭。在試驗前最大的問題，是必須找到破壞昆蟲生殖力的方法。學術界自一九一六年以來就知道X光可以破壞昆蟲的生殖力；當時一位名叫倫納（G. A. Runner）的昆蟲學家發表說，X光使煙草蟲失去生殖力；一九二〇年代末期，荷曼．米勒（Hermann Muller）最先發現X光能造成突變，因而在此領域開創出一個新局面。到了一九五〇年代，就已發現X光或伽瑪射線至少可以使十二種昆蟲失去生殖力。

但這都僅止於實驗，離實際運用還有一段距離，大約在一九五〇年，尼普林博士開始研究如何破壞螺旋蟲蠅的生殖力，這種昆蟲是南方畜牧業的主要害蟲；雌蟲在溫血動物的傷口上產卵，孵出的蟲是寄生性的，以寄主的肉為食。長成的公牛若有太多寄生蟲，十天內便會死去；美國畜牧業每年的損失，據估計達四千萬美元，野生生物的損失很難估計，但想必也是很大的。德州某些地區的鹿很少，就是因為螺旋蟲蠅的緣故。螺旋蟲蠅是熱帶或亞熱帶的昆蟲，中、南美洲及墨西哥常有牠們的蹤跡，在美國通常僅限於西南部，然而，在一九三三年，有人意外地將之帶入佛羅里達州，那裡的氣候使牠們安然渡過冬天，因而建立起大批族群。牠們也進入阿拉巴馬州和喬治亞州南部，很快地，南部各州的畜牧業每年的損失便高達兩千萬美元。德州的農業局對螺旋蟲蠅已研究了好幾年，所以對其生理習性已有些許了解，尼普林博士在佛州的小島做過初步實驗後，便於一九五四年決定全面測試他的理論。在荷蘭政府的同意下，他前往位於加勒比海的古拉索島（Curaçao），該島離大陸至少有五十英哩。

從一九五四年八月開始，在佛州農業局實驗室培養出無生殖力的螺旋蟲蠅，送到古拉索島，由飛機釋放出去，每週每平方英哩釋出約四百隻，幾乎自一開始羊隻身上的蟲卵就立刻減少，而卵的孵出率也降低了。七週之後，所有的卵都是未受精的；很快就再也找不到一顆卵，無論是受精或未受精的。的確，古拉索島的螺旋蟲蠅已被完全消滅了。

古拉索島實驗的成功大為轟動，使佛州的畜牧業者也希望借用這種方法消除螺旋蟲蠅的禍患。雖然困難度的確高出許多——面積比古拉索島大三百倍，但在一九五七年，美國農業局和佛州政府同時撥款進行這個計畫，在計畫中，一座特別建造的「蟲蠅工廠」每星期要生產約五千萬隻螺旋蟲蠅，每天用二十架輕型飛機循預定路線飛行，每架飛機載著一千個紙箱子，每個紙箱子有兩百到四百隻照過輻射線的蒼蠅。

一九五七年到五八年的冬天正好特別冷，佛州北部氣溫降至零度，使螺旋蟲蠅的數量減少而集中在小範圍裡，十七個月之後，計畫宣告尾聲，有三十五億隻人工培養、無生殖力的蒼蠅在佛羅里達州及喬治亞與阿拉巴馬州部分地區釋放出去。最後一個螺旋蟲蠅導致動物傷口感染的案例發生於一九五九年的二月，之後數週也捕到幾隻成蟲，但是後來就再也沒有牠們的蹤跡。南部撲滅螺旋蟲蠅的計畫成功，充分表現出科學的創造力，以及基礎科學研究、毅力與決心所能帶來的成果。

目前在緊鄰密西西比州的地方有一道防疫線，以預防西南部的螺旋蟲蠅入侵，要滅絕那裡的螺旋蟲蠅恐怕工程艱鉅，因為範圍太大，且昆蟲可能還會從墨西哥進來。但是由於牽涉到的金錢損失太大，農業局已計畫至少要把這種昆蟲的數量降到最低，並且打算不久就在德州及西南部其他地方進行。

螺旋蟲蠅計畫的輝煌成就，使人們相繼嘗試以同樣方法運用在其他昆蟲上，當然，並非所有昆蟲都適用這種方法，因為那是要依昆蟲的生活習性、繁殖密度及對輻射線的反應而定。

英國已開始試驗，用此方法來消滅羅德西亞的采采蠅。非洲大約三分之一的土地都有采采蠅的蹤跡，對人類的健康造成很大的威脅，同時也使四百五十多萬平方英哩的牧地不適放牧。采采蠅的生活習性和螺旋蟲蠅大相逕庭，而且雖可用輻射線破壞生殖力，還是有些技術性的困難需要克服。

英國已測試過輻射線對許多種昆蟲的影響，而美國科學界初期的實驗結果，例如：在夏威夷的實驗室以及偏遠羅達島的野外實驗，都有很好的成效，玉米螟蟲及甘蔗螟蟲也已測試過。此外，對人體健康有危害的昆蟲或許也可用這種方法防範；智利的科學家已發現殺蟲劑對瘧蚊沒有效果，因此，釋出無生殖力的雄蚊，便可能有助於消除瘧蚊。

由於用輻射線破壞昆蟲生殖力有明顯的困難，故科學家一直在研究是否有更簡單的方法，目前相信化學性不孕劑很有潛力。

在佛羅里達州奧蘭多的美國農業局實驗所，正嘗試在實驗室及野外測試中，把化學物質攙雜在適當食物裡以破壞家蠅的生殖力。一九六一年在佛羅里達州的鑰匙島（Keys）做過試驗，結果在短短五個星期之間，蒼蠅幾乎全遭滅絕，當然從其他島過來的蒼蠅很快又使當地蒼蠅數量回升，但是這個試驗可以算是成功的。該局對這方法如此熱中是可以理解的，如我們所看到的，殺蟲劑對家蠅根本就沒有影響力，所以勢必要有完全不一樣的方法。用輻射線破壞生殖力的問題在於，不但必須人工培養昆蟲，而且釋出的數量必須比野生的多。由於螺旋蟲蠅的數量並不算多，所以這種方法可行，但要釋出比現有數量多一倍的家蠅，恐怕會有很高的反對聲浪，即使蒼蠅數量只是暫時性增高也是一樣。至於用化學物質破壞昆蟲生殖力就不同了，可以將之混在食餌中，置於家蠅的天然環境中，吃進食餌的昆蟲就會失去生殖力，假以時日，無生殖力的家蠅就會增多，最後自己滅亡。

測試這種破壞昆蟲生殖力的化學物質，比測試殺蟲劑要困難得多。每一種物質要花三十天才能評估效力；當然多種試驗可以同時進行。然而，在一九五八年四月到一九六一年十二月這段期間，奧蘭度實驗所試了數百種化學物，結果只找到幾種有潛力的，不過農業局對這樣的結果已經很高興了。

目前該局其他實驗所也投入研究，用化學物質測試蚊蠅、棉花象鼻蟲，以及各式各樣的果蠅。這些現在都還僅止於實驗階段，但是在短短數年中，已有很大的發展。理論上，這種方法有很多吸引人的特質，尼普林博士曾指出：此方法「可能很容易就有比最好的殺蟲劑更佳的效果。」想想看，若有一百萬隻昆蟲，每一代繁殖五次；若殺蟲劑每代能殺死百分之九十，在第三代還有十二萬五千隻存活；相反的，化學物質若能使百分之九十的昆蟲失去生殖力，到第三代就只剩下一百二十五隻了。

不過，這種方法的缺點是使用的化學物質可能毒性很強。幸好至少在現今初期階段，研究人員大都試著尋找較安全的化學物質及施用方法。不過，也有人建議用空中噴灑的方式，例如：在舞毒蛾吃食的葉子上噴上藥物。但是若無周詳的研究，此舉並不妥當，我們應時時謹記這種物質潛在的危險，否則後果將會比殺蟲劑造成的還要嚴重。

目前在這方面正在測試的化學物質，一般可分為兩類：兩者的作用都極為有趣。第一種和細胞的新陳代謝有關；亦即和細胞所需的物質非常類似，以至於生物「誤」以為是真的，而將之引入正常的代謝過程；但是由於此物質和生物的代謝並不完全契合，使得代謝作用無法繼續進行，這種化學物質叫做「抗代謝物質」。

第二種化學物質的作用是針對染色體，它可能會影響基因的化學成分，使染色體斷裂。這種物質屬於烷基化劑，能嚴重破壞細胞，傷害染色體，造成突變。倫敦柴斯特·比提研究院（Choster Beatty Research Institute）的亞歷山大博士（Peter Alexander）認為：「對破壞昆蟲生殖力很有效的烷基化劑，也必是強效的突變劑或致癌物。」他覺得在昆蟲防治上運用這方法，將會受到激烈的反對。因此，但願目前在這方面的實驗不會導致日後真的要採用這些物質，而是發現其他較安全且只針對昆蟲作用的藥劑。

最近又有其他有趣的方法，運用的是昆蟲自己的產物，昆蟲能分泌各種各樣的毒液、誘引物及排斥物質。這些分泌物的化學性質是什麼？我們能否用來當作殺蟲劑？

康乃爾大學及各地的科學家正在尋求解答，研究昆蟲保護自己以對抗獵捕者的機制，找出分泌物的化學結構。另有科學家在研究所謂的「幼年荷爾蒙」，這種強效物質能阻止幼蟲在達到適當發育階段之前發生變態過程。

在研究昆蟲分泌物方面最實用的，或許是昆蟲的誘引物質，從中，我們再度看到大自然指示的方向。舞毒蛾是一個特別有趣的例子：雌蛾因為太重無法飛翔，只好在地面生活，最高只能飛到低矮的植物上或沿著樹幹爬上去。相反地，雄蛾卻很能飛，從雌蛾某腺體發出來的一種氣味，能吸引雄蛾自很遠的地方飛過來。昆蟲學家利用此特性，已花了好幾年時間，辛苦地從雌蛾體內抽取出這種性誘引物質。然後，在舞毒蛾出沒地區，將此物質放在誘捕器中吸引雄蛾。但是這種方法相當昂貴，雖然北部各州舞毒蛾繁多，還是不夠用來抽取所需物質。因此，必須從歐洲進口人工撿拾的雌蛹，費用有時高達每隻五角美金。後來經過數年的努力，農業局終於有了突破，成功地抽取出誘引物質，之後又成功地從蓖麻油中抽取相關物質來合成誘引劑，不但能騙過雄蛾，而且吸引力明顯地和天然的一樣強，只要在誘捕器裡放千分之一公克就能奏效。

所有這些不只限於學術上的研究，新而便宜的舞毒蛾誘引劑不但可用來進行蟲數調查，也可用於防治工作，而其他方面的用途也正在測試當中。在另一個可稱為心理戰的實驗中，是把誘引劑和粉狀物質混合，用飛機散播，目的在混淆雄蛾，使其改變正常行為，在雌蛾散發氣味時找不到方位。循此方式，又有一種實驗藉著欺騙雄蛾，使之和假雌蛾交配。在實驗室裡，雄蛾曾試圖和木片、蛭石及種種小而不動的物件交配，只因這些東西散發出舞毒蛾誘引劑。這種轉移舞毒蛾交配本能的方式能否使數量降低，還有待測試，但是至少是個可能的防治方式。

舞毒蛾誘引劑是第一種人工合成的昆蟲性誘引劑，可能很快就會有更多種。人們已在研究是否能人工合成誘引劑，以吸引侵害農作物的昆蟲；從麥蠅及煙草角蠅的實驗已有了令人振奮的結果。

又有人試著將誘引劑與毒藥混合，撲滅許多昆蟲種類。美國政府的科學家已發展出一種誘引劑，稱為甲基丁香酚（methyl-eugenol），能吸引雄性東方果實蠅和香瓜蠅。日本南方四百五十英哩的地方有座小笠原群島，就曾把這種誘引劑和毒藥混合，放入纖維板浸泡，然後用飛機將之灑遍所有小島，以誘殺雄蠅，這個計畫叫做「消滅雄蠅」，於一九六〇年開始展開，一年之後農業局估計，百分之九十九以上的蒼蠅已被消滅。這種方法有一般殺蟲劑所無的優點；所用的毒藥——有機磷化合物，只局限於纖維板上，野生生物不大可能會誤食，此外，化學殘餘很快便會消散，不會汙染到土壤或水質。

然而，昆蟲彼此的溝通並不只靠誘引劑或排斥劑，聲音也可用於警示或吸引作用。蝙蝠飛翔時發出的超音波（作用和雷達一樣，引導牠們在黑暗中飛行），有些飛蛾聽得見，而能逃開避免被捕。寄生性蠅鼓翅飛來的響聲，某些鋸蜂的幼蟲聽見就會群集起來防衛。反過來，有些蠹會發出聲音讓寄生蟲找得到；而對雄蚊子來說，雌蚊拍翼的聲音是一種美妙的歌聲。

昆蟲這種對聲音反應的能力，我們能如何利用呢？有個計畫目前仍在實驗階段，卻很有趣，研究人員用預先錄下的雌蚊飛翔聲音來引誘雄蚊，雄蚊便被引到通有電流的鐵網然後被電死。加拿大正在試著用超音波驅逐玉米螟蟲及切根蟲。夏威夷大學的休柏．佛林斯（Hubert Frings）與馬賽．佛林斯教授（Mable Frings）是動物聲音權威，他們深信只要能發現昆蟲發聲及聽音的主要機制，就可運用此知識發展出影響昆蟲行為的方法。具排斥作用的聲音可能比具吸引力的聲音有用；兩位佛林斯教授發現，八哥一聽到錄音機放出牠們同類的悲鳴，就會四處飛散，或許昆蟲也會有這種行為，對講求實際的工業界來說，這種方法似乎很有可行性，以至於一家大電子公司準備要設立實驗室來測試。

聲音也有直接的破壞作用，超音波可以殺死蚊子的幼蟲，不過也會連帶把其他水生生物殺死。此外，鼓蠅、麵粉蠅及傳染黃熱病的蚊子都可在數秒鐘內，被空氣中的超音波殺死。這些實驗，是邁向新式昆蟲防治的第一步，而電子技術將會實現這些構想。

新的昆蟲防治計畫，並不只是和人類發明的電子、伽瑪射線等產物有關而已。有些方法根據的是自古以來就常有的，即昆蟲和人一樣也會生病，就像古時候人類的鼠疫般，昆蟲受到細菌感染，族群也會減少或滅絕，而病毒也會使成群的昆蟲生病、死亡。昆蟲疾病在亞里斯多德時代之前就已為人所知，中古世紀的詩歌就曾提到蠶的疾病，而就是因為研究蠶的疾病，巴斯德才發現傳染病的原理。

不只是病毒和細菌，真菌、原生動物、微小的蟲等微生物也會使昆蟲生病。這些微生物不只是病原體，也能分解廢物，使土壤肥沃，進行發酵及硝化等生物作用。為什麼不利用牠們來防治昆蟲呢？

最早想到利用微生物的人，是十九世紀的動物學家愛利．米契尼哥夫（Elie Metchnikoff）。在十九世紀末期和二十世紀初期，用微生物防治昆蟲的構想開始成形。在一九三〇年代，科學家成功地用乳白病控制日本甲蟲的數量，乳白病是桿菌屬細菌的孢子所引起的。就如我在第七章提到的，美國東岸使用這種方法已有長久的歷史。

現在人們對另一種桿菌屬的蘇利菌（Bacillus thuringiensis）正抱以很大的希望。這種細菌是在一九一一年，於德國的色林吉亞省（Thuringia）發現的，因其使麵粉蛾的幼蟲罹患致命的敗血症。其實令此細菌致命的是此種桿菌的毒性而非疾病，因其孢子含有某種特異的蛋白質，對某些昆蟲毒性非常強，特別是蝶蛾類的幼蟲，在吃進含此毒物的葉子不久，就會痲痺、停止進食，然後很快死亡。就實用性來看，牠們停止進食就是相當大的優點，因為幾乎一噴用毒物，農作物受損的情形就會停止。在美國，已有許多公司以不同商品名生產這種細菌的孢子，很多國家也正在進行野外試驗；法國和德國的對象是白菜粉蝶的幼蟲，南斯拉夫是美國白蛾，蘇聯是天幕毛蟲蛾。在巴拿馬，於一九六一年開始進行這個實驗，以解決嚴重困擾香蕉農的問題——根螟蟲；根螟蟲傷害香蕉的根部，使香蕉樹很容易被風吹倒。人們一直都在用地特靈消除根螟蟲，但是根螟蟲已產生抗藥性，而地特靈也殺死了一些重要的獵捕性昆蟲，使捲葉蛾的數量大增，這種蛾的身體短小精壯，幼蟲常在香蕉上留下痕跡。相信微生物殺蟲劑將能消滅根螟蟲和捲葉蛾，同時又不致影響大自然的平衡。

在加拿大和美國的東部森林，要對付像捲葉蛾及舞毒蛾那類侵害森林的昆蟲，細菌殺蟲劑可能是唯一的方法。一九六〇年，這兩個國家開始用商業生產的蘇利菌進行野外試驗，初步結果非常不錯。例如：在佛蒙特州，效果和使用DDT一樣好，但是有一個技術性問題，就是得想辦法使孢子黏在長青樹的針葉上。而對於農作物，這已不是個問題，現在細菌殺蟲劑已經用在種類繁多的蔬菜上了，特別是加州。

同時，也有其他較不引人注目的研究，那就是採用病毒。加州的苜蓿田噴有一種使苜蓿毛蟲致命的溶液，其中含有從因病毒而死的毛蟲身上分離出來的病毒，只要五隻病死的毛蟲，就有足夠的病毒處理一英畝的苜蓿田；在加拿大某些林地，病毒處理對捲葉蛾極為有效，甚至取代了殺蟲劑。

在捷克，科學家已用原生動物*對付美國白蛾及其他害蟲，而在美國也已發現一種寄生性原生動物能減少玉米螟蟲產卵的數量。

微生物殺蟲這個名詞，可能讓人以為也會危及到他種生物。然而並非如此，和化學物質不同的是，昆蟲的病菌對其他生物是無害的。傑出的昆蟲病理學權威愛德華・史坦郝斯博士（Edward Steinhaus）強調說：「無論是實驗或自然環境，都無確切證據

*編按：此指單細胞的微生物。

顯示昆蟲病菌會感染脊椎動物。」昆蟲的病菌感染對象很特定，只是幾種昆蟲而已——有時甚至只有一種。就生物學上來看，它們和使高等動物或植物致病的生物並非同一種類。同時，正如史坦郝斯博士指出的，自然界的昆蟲疾病爆發時，總是只限於昆蟲，既不會影響寄主植物也不會感染吃下病蟲的動物。

昆蟲有許多天敵，除微生物外，還有許多其他種昆蟲。第一個想到可用昆蟲天敵防治昆蟲的人，一般認為當推伊拉斯馬斯・達爾文（Erasmus Darwin），時約一八〇〇年，或許因為這是生物防治法中，第一個實際使用的方法，使人們常以為這是除化學物質外唯一一種可行的辦法。

在美國，傳說的生物防治法其實是始自一八八八年；當時亞伯・柯貝（Albert Koebele）到澳洲尋找吹棉介殼蟲的天敵，吹棉介殼蟲對加州的柑桔造成很大的危害；如我們在第十五章所看到的，這次任務非常成功。其後一百年來，全世界都在尋找昆蟲的天敵，以消滅不請自來的昆蟲；在引進美國的獵捕性與寄生性昆蟲中，總共大約有一百種在美國繁殖成功。除了柯貝引進的瓢蟲外，其他引進的昆蟲也都成效良好。從日本引進的一種黃蜂，在東岸已控制住侵害蘋果園的昆蟲數量。自中東意外帶進美國的斑點苜蓿蚜蟲，也被引進的天敵消滅，挽回了加州的苜蓿種植業。獵捕性和寄生性昆蟲成功地降低舞毒蛾數量，而小土蜂對日本甲蟲也產生同樣效果。採用生物法控制介殼蟲及粉介殼蟲後，據估計每年為加州省下數百萬美元。加州首屈一指的昆蟲學家保羅．迪巴博士（Paul Debach）估計，加州在生物性防治上一筆四百萬美元的投資，已收回了十億美元。

自外國引進害蟲的天敵而成功降低害蟲數量的例子，可在全世界四十幾個國家中找到。這種方法比使用化學物質好的地方，是比較便宜，效果長久，不會留下化學殘餘。然而，生物性防治卻缺乏經費，加州是唯一有正式生物性防治計畫的州，很多州甚至連一位全時投入這方面的昆蟲學家都沒有。而或許就是因為經費不足，利用天敵控制昆蟲的方法並不都經過周詳的科學研究——天敵對昆蟲究竟影響多深從未有過確實的調查，至於天敵應該釋出的數量，也無精確的研究，這可能就是成功與失敗的關鍵。

捕食性昆蟲與獵物並非單獨存在，而是生命網的一部分，所有這些都應在考慮之列。或許採用生物性防治法最好的地點是森林，現代農業的農田大都人工化，不具有大自然的本質；而森林就不同，比較接近天然的環境，在這裡，讓人的幫助減至最少，人的干預減至最低，大自然就會運用她的方式，建立奇妙而複雜的系統，去約束昆蟲，使萬物達成均衡，俾使森林不受昆蟲的傷害。

在美國，森林管理人員在生物性防治方面，似乎只想到引進捕食性與寄生性的昆蟲。加拿大人的看法比較寬廣，而有些歐洲國家發展得很快，已經發展出令人嘆服的「森林衛生」的觀念。鳥類、螞蟻、蜘蛛及土中的細菌，和樹木一樣都是森林的一部分，歐洲的森林管理人員在造林的時候，都會小心加入這些具保護性的部分。培育鳥類是第一個步驟，在現代的造林業中，中空的老樹都遭砍除，連帶的啄木鳥和其他在樹上築巢的鳥也不見了。補救的方式是使用巢箱，使鳥兒回到森林中，另外也製造箱子給貓頭鷹和蝙蝠，使牠們能在晚上取代白天鳥兒的工作，獵捕昆蟲。

但是這些都只是個開始，歐洲有些森林利用紅蟻來控制昆蟲。紅蟻是侵略性很強的捕食性昆蟲，可惜北美洲沒有這種昆蟲。大約在二十五年前，符茲堡大學（Wüzburg）卡爾．葛斯瓦教授（Karl Gosswald）研究出培植這種螞蟻的方法。在他的指導下，德國約有九十個測試地區繁殖了一萬多個紅蟻群，義大利及其他國家也引用葛斯瓦教授的方法，設立紅蟻農場以供森林繁殖用，例如：已在亞平寧山脈設了好幾百個紅蟻窩，以保護新植林的地區。德國莫安（mölln）森林管理官員海涅．魯伯蘇芬博士（Heinz Ruppertshofen）表示：「如果森林有鳥類和紅蟻的保護，再加上蝙蝠與貓頭鷹，生物的平衡基本上就已改善很多。」他認為引進一系列樹木的「天然的朋友」，要比單單引進一種捕食性或寄生性生物要有效得多。

在莫安林地的新蟻群，都用鐵絲網保護，以避免遭啄木鳥啄食。因此，雖然有些試驗區的啄木鳥數在十年間增加了四倍，紅蟻的數量並未顯著減少，而啄木鳥同時也啄食樹上有害的昆蟲。照顧蟻群（及鳥的巢箱）的工作，有許多是由當地十到十四歲的兒童負責的，因此花費極低，對森林的保護卻是永久的。

魯伯蘇芬博士還有一個極有趣的方法，也就是利用蜘蛛，在這方面他似乎是先驅。雖然有關蜘蛛的分類及其習性的文獻有很多，但都很分散，而且不完整，絲毫未談及用於生物性防治上的價值，在已知的兩萬兩千種蜘蛛中，德國有七百六十種原生種（在美國則約兩千種）。棲息在德國森林中的蜘蛛，則有二十九科。

對森林研究人員而言，什麼蜘蛛最重要，要看牠結什麼樣的網。結輪形網的蜘蛛最重要，因為這種網很密，能捕到所有飛行的昆蟲。十字蜘蛛的大網（直徑達十六吋）上，有十二萬多個黏結。蜘蛛可活十八個月，每隻約捕食兩千隻昆蟲。在生態均衡的森林，每平方公尺有五十到一百五十隻蜘蛛，若數目不夠，可添加蜘蛛繭狀的卵袋。魯伯蘇芬博士表示：「三個蜂形蜘蛛（美國也有）的繭，可以孵出一千隻蜘蛛，捕食二十萬隻飛蟲。」他又表示：在春天孵出的輪網幼蛛特別重要，牠們體型纖細，「會一起在樹上的嫩芽上方結傘形的網，保護嫩芽不致被飛蟲吃掉。」隨著蜘蛛蛻皮長大，網也隨著增大。

加拿大的生物學家也在引用這種方式，只是北美洲的森林大多是天然的，且能用來保護樹林的生物種類也不同。加拿大著重小哺乳動物，牠們在防治昆蟲上有神奇的效用，特別是林地鬆土中的昆蟲。例如：鋸蜂，是因雌蜂具有鋸狀的產卵管而得名，雌蜂用產卵管鋸開長青樹的針葉產卵，幼蟲後來會跌落在地，在落葉松的混地或樅樹及松樹下的半腐植物下結繭。但在林地下，有許許多多隧道，是小哺乳動物如白足鼠、田鼠及地鼠等建造的。其中，地鼠吃掉最多蜂繭。牠們吃繭的方式是，把一隻前足放在繭上，把繭的一端咬破，可見牠們有能力分辨繭是否是空的。沒有別的動物吃得比地鼠還多；田鼠一天能吃兩百個繭，而地鼠則視種類而定，可能一天可以吃到八百個。由實驗室的測試得知，如此可以減少百分之七十五到九十八的繭數。

難怪久為鋸蜂所擾的紐芬蘭島（Newfoundland）會於一九五八年引進防治鋸蜂最有效的面具地鼠。加拿大官員於一九六二年宣布說，計畫很成功，地鼠繁殖得很好，而且遍及全島，在離釋放地點十哩遠的地方，還曾找到帶有事先作好標記的地鼠。

所以，願意尋求效果長久的辦法，以保護森林、增強森林天然均衡的人，有許多方法可供選擇，在森林使用化學物質頂多只能應急，不能真正解決問題，而且還有可能殺死溪流中的魚，引起昆蟲肆虐，破壞天然的防治，以及我們所引進的生物。魯伯蘇芬博士說，用這種激烈的方式，「森林中的生物完全失去平衡，蟲害將不斷發生，而且相隔時間會愈來愈短……因此，我們必須停用這種非自然的方法，以保存最後一片天然的生存空間。」

我們必須透過這些新穎、富想像力與創造力的方式，嘗試去解決和其他生物共享地球所產生的問題。其中的重點在於，我們要知道我們應付的是活的生命、活的群體，有生存的壓力，牠們的數量會暴增也會銳減，惟有考慮到這些因素，小心地將之導向對我們有利的方向，我們才能和昆蟲共存。

目前所流行的毒藥，完全沒有考慮到這些。採用化學物質就和原始人使用木棍一樣不成熟，而人們就這樣把化學物質扔進生命網中；這生命網一方面是脆弱易碎的，另一方面卻也是強韌異常，會以無法預期的方式反擊。使用化學物質的人，一直都漠視生命這種非比尋常的能力，對工作沒有崇高的理想，在意圖改變自然時，沒有謙恭的胸懷。

「控制自然」一詞，是傲慢自大的表現，是生物學及哲學舊石器時代的產物，以為自然的存在是為了人類的方便；大部分昆蟲學的觀念與應用，都是從那時代來的。不幸的是，這麼原始的科學，竟有最現代、最可怕的武器，在殺滅昆蟲的同時，也破壞了地球。

在自然面前，您不能不虔誠以待。

宇宙的不可思議之處，總超越我輩思維可及——而這也是很不可思議的。

在自然面前，您不能不虔誠以待。

宇宙的不可思議之處，總超越我輩思維可及

——而這也是很不可思議的。

—哈爾登（J. B. S. Haldane, 1892-1964，

英國遺傳學家，現代遺傳學的大師級人物。）

自然公園 31

寂靜的春天 Silent Spring

作者 瑞 秋 ・ 卡 森 （ *Rachel Carson*）
譯者 李 文 昭
主編 徐 惠 雅
美術編輯 王 志 峯
封面設計 黃 聖 文

創辦人 陳銘民
發行所 晨星出版有限公司
臺中市 407 工業區 30 路 1 號
TEL：04-23595820 FAX：04-23550581
行政院新聞局局版台業字第 2500 號
法律顧問 陳思成律師
初版 西元 1997 年 1 月 30 日
三版 西元 2018 年 1 月 10 日

經銷商 知己圖書股份有限公司
〔台北〕台北市 106 辛亥路一段 30 號 9 樓
TEL：02-23672044/23672047 FAX：02-23635741
〔台中〕台中市 407 工業區 30 路 1 號
TEL：04-23595819 FAX：04-23595493
E-mail：service@morningstar.com.tw
網路書店 http：//www.morningstar.com.tw
郵政劃撥 15060393（知己圖書股份有限公司）

定價 300 元
ISBN 978-986-443-393-3
Published by Morning Star Publishing Inc.
Printed in Taiwan

國家圖書館出版品預行編目資料

寂靜的春天／瑞秋．卡森著，李文昭譯

一三版.－－臺中市：晨星，2018.1

面；公分，－－（自然公園；031）

譯自：Silent Spring

ISBN 978-986-443-393-3（平裝）

1. 環境汙染 2. 農藥

445.96 106023802

◆讀者回函卡◆

以下資料或許太過繁瑣，但卻是我們瞭解您的唯一途徑，

誠摯期待能與您在下一本書中相逢，讓我們一起從閱讀中尋找樂趣吧！

姓名：______________ 性別：□男 □女 生日： / /

教育程度：____________

職業：□學生 □教師□內勤職員 □家庭主婦

□企業主管 □服務業 □製造業□醫藥護理

□軍警 □資訊業 □銷售業務 □其他____________

E-mail：____________________ 聯絡電話：__________________

聯絡地址：□□□____

購買書名：寂靜的春天［典藏版］

・誘使您購買此書的原因？

□於__________書店尋找新知時 □看__________報時瞄到 □受海報或文案吸引

□翻閱____________雜誌時 □親朋好友拍胸脯保證 □________電臺DJ熱情推薦

□電子報的新書資訊看起來很有趣 □對晨星自然FB的分享有興趣 □瀏覽晨星網站時看到的

□其他編輯萬萬想不到的過程：______________________________

・本書中最吸引您的是哪一篇文章或哪一段話呢？________________________

・請您為本書評分，請填代號：1. 很滿意 2. ok啦！ 3. 尚可 4. 需改進。

□封面設計______ □尺寸規格______ □版面編排______ □字體大小______

□內容______ □文／譯筆______ □其他建議______

・下列書系出版品中，哪個題材最能引起您的興趣呢？

臺灣自然圖鑑：□植物 □哺乳類 □魚類 □鳥類 □蝴蝶 □昆蟲 □爬蟲類 □其他______

飼養&觀察：□植物 □哺乳類 □魚類 □鳥類 □蝴蝶 □昆蟲 □爬蟲類 □其他______

臺灣地圖：□自然 □昆蟲 □兩棲動物 □地形 □人文 □其他____________

自然公園：□自然文學 □環境關懷 □環境議題 □自然觀點 □人物傳記 □其他______

生態館：□植物生態 □動物生態 □生態攝影 □地形景觀 □其他____________

臺灣原住民文學：□史地 □傳記 □宗教祭典 □文化 □傳說 □音樂 □其他______

自然生活家：□自然風DIY手作 □登山 □園藝 □觀星 □其他____________

・除上述系列外，您還希望編輯們規畫哪些和自然人文題材有關的書籍呢？________

・您最常到哪個通路購買書籍呢？□博客來 □誠品書店 □金石堂 □其他__________

很高興您選擇了晨星出版社，陪伴您一同享受閱讀及學習的樂趣。只要您將此回函郵寄回本社，或傳真至（04）2355-0581，我們將不定期提供最新的出版及優惠訊息給您，謝謝！若行有餘力，也請不吝賜教，好讓我們可以出版更多更好的書！

・其他意見：______________________________________

晨星出版有限公司 編輯群，感謝您！

請填妥對折裝訂，直接投郵即可，免貼郵票

廣告回函
臺灣中區郵政管理局
登記證第 267 號
免貼郵票

407
臺中市工業區 30 路 1 號
晨星出版有限公司

請沿虛線摺下裝訂，謝謝!

更方便的購書方式：

1 網站：http://www.morningstar.com.tw
2 郵政劃撥 帳號：15060393
　　　　戶名：知己圖書股份有限公司
　請於通信欄中註明欲購買之書名及數量
3 電話訂購：如為大量團購可直接撥客服專線洽詢

◎ 如需詳細書目可上網查詢或來電索取。
◎ 客服專線：04-23595819#230 傳真：04-23597123
◎ 客戶信箱：service@morningstar.com.tw

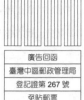